全国高等院校艺术设计专业课程实验教材

# 公共艺术设计

周严 魏武 狄丞 编著

中国建筑工业出版社

图书在版编目（CIP）数据

公共艺术设计／周严，魏武，狄丞编著．—北京：中国建筑工业出版社，2017.6

全国高等院校艺术设计专业课程实验教材

ISBN 978-7-112-20777-0

Ⅰ.①公… Ⅱ.①周… ②魏… ③狄… Ⅲ.①建筑设计－环境设计－高等学校－教材 Ⅳ.①TU-856

中国版本图书馆CIP数据核字（2017）第111704号

公共艺术设计作为一个创造并构筑公共空间的平台，对城市的创新性具有很大的意义和帮助，尤其是在当下新型城市的发展，更需要这样的人才。本书则是针对此类人才培养的一本适用于高等院校艺术设计专业教学的教材，从公共艺术设计的概念、艺术特征、艺术功能、艺术类型、设计原则、设计材料等几个方面做详细讲解。读者对象为高等院校环境设计专业、公共艺术设计专业以及相关专业师生等。

责任编辑：唐　旭　张　华

责任校对：李欣慰　焦　乐

**全国高等院校艺术设计专业课程实验教材**

**公共艺术设计**

**周严　魏武　狄丞　编著**

*

中国建筑工业出版社出版、发行（北京海淀三里河路9号）

各地新华书店、建筑书店经销

北京锋尚制版有限公司制版

大厂回族自治县正兴印务有限公司印刷

*

开本：787×1092毫米　1/16　印张：14½　字数：350千字

2017年9月第一版　2017年9月第一次印刷

定价：45.00元

ISBN 978－7－112－20777－0

（30414）

**版权所有　翻印必究**

如有印装质量问题，可寄本社退换

（邮政编码 100037）

# 前言

现如今，人类生活在一个快速变化的环境中，并且人与人的交流方式与以前大不相同了。交流交往的最大需求导致了人们需要在公共场合聚集，并且能产生对话和产生一些有趣的故事。公共艺术设施的展示是社会交往的媒介和催化剂：允许公众向自己提出问题，同时也向周边环境提出问题。

公共艺术是一个平台，这个平台用艺术构筑公共空间、创造性空间。艺术家们更倾向对城市环境做新创意，比如用空气、气体等来创造公共艺术。通过一些方式，我们使公共空间和私人空间互相渗透，同时，也会建造一些公共和私人的混合空间。通过产生两种不同性质的空间，我们刺激人们对新的空间产生不同以往的认识。

公共艺术空间已经发展成为多领域的专家合作、多感官的，并且会是由从事不同领域的艺术家们共同合作的结果。更广的角度能促使多元化和创新的城市环境的形成。公共艺术设施能成为特殊的体验和多元感知行为的平台：音乐、表演、媒体和任何形式的感官艺术都能被融合，并且达到一个更和谐的新境界。

一座城市的设计也影响着艺术的形成。比如，在柏林，20世纪60年代和70年代的建筑面貌就能影响设计师所做的公共艺术设计。但是这最大的启发和灵感是90年代的柏林：随着东柏林的消失，这提供了一种无政府状态的环境。这允许“随意使用”城市里大量的空地。从字面上理解，就是可用的城市地，我们能推进发展一种特殊的空间设计。

不同的方式、材料、形式、规模将活动的概念、公共空间的创造与分享和增加公众参与性完美地联系到一起。公共设施是体验环境的一个重要媒介，富有可玩性的互动模式可以使从未使用过的区域变成活动中心。通过艺术家和设计师提高社会交往、创造性和公共氛围。我相信艺术家们的公共艺术设计作品会让城市变得有活力并让人与人之间的关系不再冷漠。

# 目录

## 第1章 概述



## 第2章 公共艺术的特征

## 第3章 公共艺术的功能

第4章

## 公共艺术的类型



第5章

## 公共设施设计

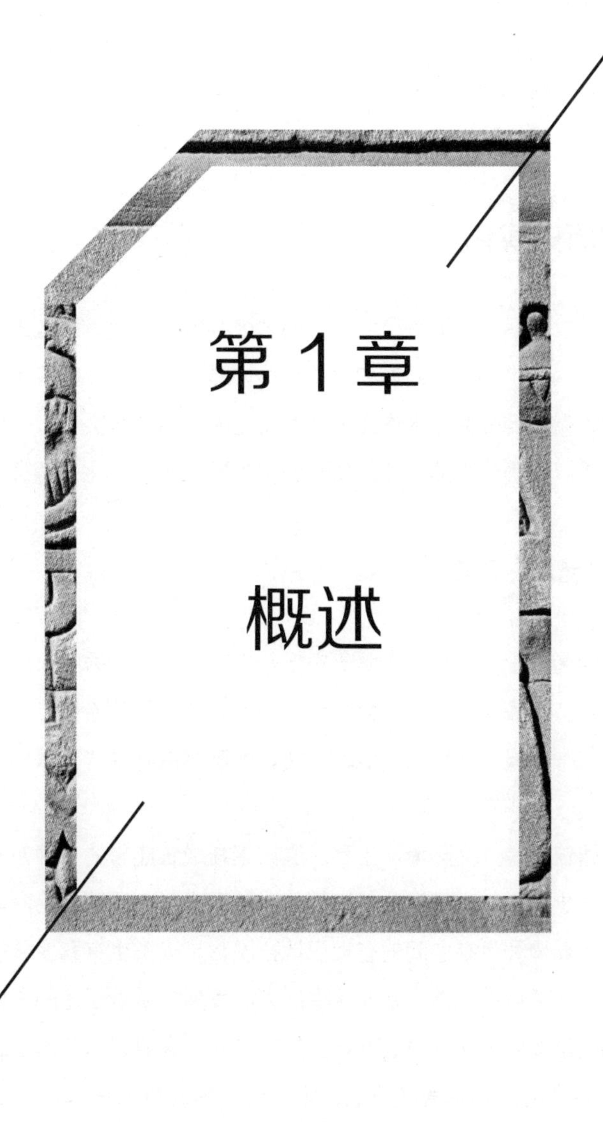

# 第 1 章

# 概述

迈入21世纪的中国正迎来一个公共艺术（Public Art）高度繁荣的新时代。以20世纪70年代末北京首都国际机场大型壁画群创作为标志，公共艺术在我国的发展势头可谓一浪高过一浪。伴随着改革开放日新月异的经济发展，人们的物质文化水平不断提高，我国开始了全面建设小康社会的进程。与之适应，我国城市的文明化程度在不断加快，人们的公共环境意识和对居住环境品质的要求也日益增强。在城市规划、城市建设和城市改造中，市民广场、街心花园、购物中心、大型社区等城市公共领域不断涌现，以城市雕塑、大型壁画、影像、装置乃至大地、水、石、草、木等生态景观元素作为创作和展示载体的公共艺术越来越靓丽地呈现在人们面前，使公共艺术真正与人们的日常生活融为一体。

## 1.1 公共艺术的历史演化

如果仅从空间环境和设置场所来理解公共艺术的“公共性”的话，那么人类的公共艺术活动显然要提前很多。因为公共艺术的物质载体和主要样式如雕塑、壁画、建筑等已存在了几千年，可以追溯到人类文明的始源，但公共艺术作为一种有特定内涵的艺术文化，却是在现代人类城市文明发展到一定阶段才得以明确起来的。这就使我们首先要从历史文化中考察其概念的形成。

### 1.1.1 “前公共艺术”时期

在现代意义上的公共艺术出现以前，人类历史上曾出现过大量优秀的艺术作品，它们和现代公共艺术的物质表现形式及创作目的（例如面向大宗的宗教艺术和政治性艺术）具有某种程度的一致性，虽然它们尚未获得现代公共艺术的清晰内涵，然而可以将这些艺术样式称为“广义公共艺术”或“前公共艺术”。

公共艺术是伴随着建筑及其人文环境产生和发展而逐渐成长起来的一种艺术形态。这门艺术的建立，在开始阶段并非是出于人类带有公共意识的审美需求，而是围绕生命与生存问题展开的思考和行为。因为对生存环境和生存空间的有意识地拓展，是人类生存和发展的重要条件。人类从对自然界的利用到对人工环境的创造，是伴随生产力的发展和认识观念的变化不断前进的；而对于环境中的功能空间的营造则是在这种经验之上的更具有社会意识和艺术理念的创造。在人类文明的始源，人类即开始了对这种空间环境的艺术创造，由此也锻造出现代公共艺术的物质载体、形式和观念雏形。

作为社会学的研究对象，公共艺术的起源可以追溯到古希腊罗马时期。由于在这一时期已经出现了相对开放的奴隶主民主制和公共空间，西方产生的大量神庙、剧场、竞技场、广场等公共建筑，都达到了辉煌。

这一时期，宗教占据着社会的重要地位，宗教信仰是当时主要的意识形态。由于宗教的绝对权威，政权组织、官员的设置，与外邦的关系，外邦人的地位、战争与媾和、殖民地等，均与宗教制度具有不可分割的关联；而“法的制定，即为宗教内容。”因而所有权、继承权、贵族、公民、平民、外人的法律地位，均依照宗教规则及秩序而确定，古希腊以及古罗马的制度，都深深刻着宗教的烙印。所以，古希腊罗马时期的公共建筑往往体现着至高无上的神权。例如雅典的帕特农神庙，这座庙显示的就是对雅典城邦的保护神——雅典娜女神的尊崇，不仅如此，还体现了雅典民主制的萌芽——修建神庙的决定来源于城邦所有公民的直接投票（图1–1）。

图1–1 代表无上神权崇拜的古希腊帕特农神庙

这一点到了中世纪更为明显。无论是巴西利卡式教堂（图1–2），还是哥特式教堂；无论是壁画、镶嵌画、玻璃画还是雕塑，无不体现着基督教的旨意与信仰。从意大利拉文纳教堂的镶嵌画《查士丁尼皇帝与廷臣》，到法国夏特尔教堂的哥特式雕刻，抑或享誉世界的巴黎圣母院，无不体现着中世纪经院哲学的理性与基督教禁欲的精神。

图1–2 巴西利卡圣母大教堂

宗教的力量直至文艺复兴时期也依然处于统治地位，达·芬奇、米开朗基罗、多纳泰罗等我们熟知的艺术巨匠都为教皇服务过，在壁画雕刻中，圣经题材占据着绝对的比重。乔托的壁画《哀悼基督》、达·芬奇的《最后的晚餐》、米开朗基罗的大卫雕像，以及数不胜数的圣母子与基督受难题材的作品，都是应着宗教的需求而创作的，并且其放置地点往往是教堂、礼拜堂和修道院。至于文艺复兴盛期之后日益繁多的异教题材与世俗化倾向，所体现的依然是一种权利关系，即新兴的资产阶级正逐渐成为社会的主导者——因此，也是艺术的赞助人。

## 1.1.2 早期公共艺术

由于对环境空间和建筑空间更为开放观念的形成，人类对生存环境中开放的和共享的生活空间有了更为强烈的要求，“公共意识”和“空间意识”的进一步发展使建筑形式和城市规划更加关注公共艺术的构建。

文艺复兴运动带来的新的文化观念，以及社会意识和审美取向的转变，以意大利为中心产生了一大批才华横溢的建筑大师，对公共环境中的艺术作出了卓越的贡献。鲁乃列斯基、伯拉孟特、拉斐尔、达·芬奇等人，将从建筑、雕塑到壁画的整体公共空间中的艺术创作推向顶峰。如米开朗基罗既是壁画家，本身又是建筑师和雕塑家。他们创作的这些建筑及其雕塑艺术同自然环境和整个城市景观融为一体，造就了比古代建筑艺术和壁画艺术更为整体和谐、集功能与审美于一体的艺术杰作，强有力地表现了社会特征，公共性的内涵更为明显。

文艺复兴之后的西方世界逐渐进入了市民社会，至18世纪便已经具备了产生公共艺术的前提条件：公共领域与公共性。哈贝马斯在他的《公共领域的结构转型》中对公共领域和公共性作过专门研究。所谓“公共领域”，是介于私人空间与国家机构之间的领域，它一方面指公民可以自由交流意见的开放性空间，另一方面是指对于这种自由交流以及公民参与公共事务的法律保障，即公共性。因此，“公共领域作为一个社会文化领域，其作用具有双重性：不仅使得包括艺术创作在内的各种社会科学探讨从传统的、服从于少数特权阶层、服务于神学家或统治者自身需要的禁锢中解放出来，而且还以一种崭新的方式——理性地商讨方式构建着现代资产阶级的生活方式。公共领域是一种思想、意见、信息可以自由流动的空间。”这正是公共艺术的一个内核。对于自由言论的法律保障事业直至18世纪才出现，如美国《独立宣言》和法国《人权宣言》。所以，公共性是市民社会的产物，它在封建、专制社会是不可能存在的，正如凯斯特所说：“公共的概念挑战了专制主义统治的形而上的必然性。”18世纪30年代出现于法国巴黎的沙龙艺术，作为公共艺术的雏形，正是在这种语境下产生的。

自18世纪的工业革命，西方社会就开始了近代城市化和工业化的进程。在这个过程中，民主的思想意识和科学技术两者的发展相互促进，推动了现代西方社会城市景观与城市文化的不断转变，尤其是工业化在现代城市建设中形成的负面影响，如城市环境的恶化、高楼大厦与人们心理感受上的疏离等，导致了人们对于以往闲适、温馨、富于浪漫色彩的城市文化的精神回归。有人指出，17~18世纪的欧洲资产阶级市民社会革命“击碎了政治国家的千年神话，把颠倒的关系重新颠倒过来，使政治国家成为世俗化的市民社会的‘守夜人’，因而国家权力和公共利益最大限度地被分解为人权、公民权和特殊利益。”一方面，它展现了人类由特权社会步入自由平等的大众社会的非凡历程；另一方面，则展现了由群体活动和团体价值期望走向个体活动和个性价值追求的伟大进步，并日渐形成一个没有“父亲的社会”[1]，欧洲市民社会革命的成功和资产阶级公共领域的发展将从教会和宫廷中解放出来，并把艺术曾经拥有的神圣特征，转变为一个任何公众成

---

[1] Alexander Mitscherlich（作者），Eric Mosbacher（译者），*Society Without the Father: A Contribution to Social Psychology*，Perennial; Reprint，1992.

员都可以对其展开“业余的自有判断”的世俗化特征公开展览，从而使艺术作品超越了专家与大众直接接触，而“通过对哲学、文学和艺术的批评领悟，公众也达到了自我启蒙的目的，甚至将自身理解为充满活力的启蒙过程。”对应于艺术与教会、宫廷的分离，是艺术走出了画廊和美术馆的封闭空间，进一步激发了公众在文化公共领域中的自立性、参与性与主动性。可以说，公共艺术政策是对市民社会理论中具有历史进步意义的价值和原则的继承与发扬，而市民社会的发展和公共领域的建构，则为公共艺术奠定了合法存在的理论基石。

18世纪的启蒙主义解放了市民阶层的思想，使它们对公共事务越来越热心，也就越来越有意识地维护自身的权利，享受艺术的权利从皇室贵族下放到了中产阶级的手中。18世纪艺术品开始市场化，成为一个人人有钱便可享有的商品，这在一定意义上消解了贵族等级制，却成就了中产阶级的特权，正如托马斯·克劳在他的《画家们与公共生活——在十八世纪的巴黎》（*Painters and Public Life in Eighteenth Century Paris*）中所说，沙龙在当时作为一种公共空间，体现的不仅是政治的权力，更是一种财富的权利。虽然沙龙提供了公众自由评判艺术品的可能，但是这个“公众”指的是有钱有教养的中产阶级，而不包括普通大众；此外，作为赞助人的中产阶级在很大程度上影响着艺术风格，与当时的皇宫贵族的趣味相抗衡。他指出，就艺术家而言，在某种程度上，体现的不仅仅是自我的趣味，其实更可能是赞助人的趣味。所以，“传统（自由）政治理论假设代表民主的权利机构将自己视为‘人民’喉舌，然而，在18世纪的欧洲，这些机构（市民社会、国家政府、公共领域）都倒向中产阶级的特定利益（当然，这里所指的‘公共’艺术是白色人种特有的财产）。”财产特权，作为公共机构的先决条件，是自由话语中的核心张力。公共的概念挑战了千古不变的君权神授的社会角色。但是这种公开性从来都经不起考验——只有公共领域被限制在具有同样意愿、同样拥有财产的阶级成员内部，这种公开性才能得以维持。因此，公共被维系在一个形而上的层面。一方面，它是指一种身体力行的以经验为主的社会交流和思考过程，另一方面，它也是一个至今没有实现的理想，只限于当今少数人（富人）。

### 1.1.3 现代主义时期的公共艺术

公共艺术（Public Art）一词产生于现代，它既不是一种特定的艺术表现形式，也不是一种艺术风格或流派，也未曾有过类似于艺术宣言或标识性的历史事件作为其标志。它是一种可视的艺术运作和存在方式，同时在整体上蕴含丰富社会精神内涵的文化形态。现代意义上的公共艺术一词的提出，最早始于20世纪30年代初的美国。富兰克林·D·罗斯福总统在美国经济萧条时期，为了促进本国文化艺术的福利建设及援助艺术家的职业生活，发起了一项委托画家作画的巨大公共赞助方案，由政府组建的“公共设施的艺术项目”机构，调动了全美数千名艺术家，在近十年的时间里，为美国各地的公共建筑、公共场所、广场等进行了大规模的公共艺术创作活动。公共艺术的真正兴起是20世纪60年代，美国成立了“国家艺术基金会”，推行一项名为“公共艺术计划”的艺术活动，这项以街头艺术为手段的艺术活动的主要目的之一，是提高城市民众的文化生活品质和环境品质。随后美国30余个州政府先后以立法的方式来推动公共艺术的建设，内容为“将建筑费用的1%留给艺术”，即所谓的“百分比法案”。

欧洲国家一直以来就有着在城市广场设计纪念碑雕塑的传统，这为欧洲各国现代公共艺术的发展奠定了很好的基础。法国于1951年通过了“百分比法案”，法案最终仅针对各级学校校舍兴建中的公共艺术，20世纪70年代以后逐渐扩大到各类公共建筑物。1982年10月，法国文化部正式成立了艺术造型评议会和国家艺术造型中心这两个单位，负责全国公共艺术设置的执行管理。实践证明法国的公共艺术非常成功，尤其首都巴黎拉·德方斯新区公共艺术最为瞩目。如配合新凯旋门设计如帐篷似的软雕塑，这件作品位于高达105m的玻璃砖巨门下，不仅有效调节和缓冲了建筑与人在尺度上的巨大心理压力，同时柔和的曲线也软化了建筑给人冷峻的印象（图1–3）。此外，德国、西班牙以及北欧国家也自20世纪50年代起，积极推动城市景观的美化以及都市风貌的规划，投入相当的公共艺术经费来进行公共艺术规划和建设，取得了令人瞩目的成果。

**图1–3　拉德芳斯新凯旋门前张拉膜软雕塑**

除了欧洲国家，公共艺术在其他国家也得到迅猛发展，如苏联创建初期的纪念碑、建筑装饰，以及第二次世界大战结束后烈士陵园、公墓、战争纪念设施的建设与纪念碑综合体的大规模发展，都与西方社会的“公共艺术”有着诸多的渊源。而墨西哥壁画作为特定历史时期（20世纪20~50年代）艺术与社会紧密结合的典范，不仅影响了苏联、中国等社会主义国家，甚至20世纪30年代美国的壁画运动也深受其启发和影响，并且至今各国的大型纪念艺术仍可从墨西哥壁画的波澜壮阔中吸取有益的营养。

根据凯斯特在他的《艺术与美国的公共领域》中的观点，严格意义上的公共艺术必须具备三个特点：①它是一种在法定艺术机构以外的实际空间中的艺术，即公共艺术必须走出美术馆和博物馆；②它必须与观众相联系，即公共艺术要走进大街小巷、楼房车站，和最广大的人民群众打成一片；③公共赞助艺术创作。那么我们可以看出，即使在现代主义时期，真正的公共艺术仍然没有出现。这是由于从康德发展而言的形式主义美学在现代主义一直占据着统治地位，从立体主义、抽象主义、抽象表现主义直至极少主义，艺术变得越来越空洞且晦涩。20世纪60年代的艺术家们被奉为文化精英，例如1963年肯尼迪在阿莫斯特大学的一次演讲中，将艺术家盛赞为“在这个多管闲事的社会和权力纵横的国家中，捍卫个性与感性的最后英雄”，他提出艺术家不应被国家的指令所迫，而是要自由地发出内心良知的声音。于是在当时占据主流的抽象艺术家们开始尽情地发挥他们的灵感，表达他们的观念。他们在挑战传统形式的同时，也折磨着公众的视觉神经，其前卫性和晦涩的内涵往往令观众难以接受。

艺术家以文化精英的身份超越了普通人的生活，并且将其神秘莫测的艺术作品强加在公共空间中。这往往导致公众的反感与反对，公共一书中精英与大众的矛盾直至20世纪80年代还屡见不鲜。在美国的公共艺术的第一个十年中，抽象艺术家占据着绝对的主导地位，如路易斯·内威尔森（Louise Nevelson）、亚历山大·考尔德（Alexander Calder）、托尼·史密斯（Tony Smith）等。他们作品的前卫性与精英性其实是与当时美国政府的激进主义紧密相关的，抽象艺术作为冷战时期对抗苏联的武器，以其绝对的理性、抽象性与苏联现实主义相抗衡，它的激进型不仅体现了肯尼迪“新边疆政策”的乐观主义，也体现了其后继者约翰逊总统“伟大社会”政策所崇尚的“博爱”的国家形象。它不仅以经营艺术的姿态彰显了美国文化的独立，也以“国家艺术”的形态起到了支持国家意识形态的重大作用。

### 1.1.4 后现代主义时期

大部分学者认为，直到后现代主义时期，真正的公共艺术才崭露头角。现代主义那种古典主义精英式艺术开始消解，艺术开始庸俗化、生活化、平民化，越来越强调与公众的交流与互动；并且进入后现代之后，一系列社会问题诸如种族、性别、生态保护等都成为艺术关注的焦点，艺术开始表现出一种入世的人文关怀。例如，奥登伯格所创作的一系列环境雕塑，他将日常生活用品放大到纪念碑式的体量，将其放置在公园、广场、学校中，不仅体现了消费时代的文化特征，而且极具亲和力，易于与观众产生互动。

进入20世纪八九十年代，早期的抽象艺术家们逐渐转向观念艺术、行为艺术、表演艺术以及大地艺术，并且，行为艺术以其高度的互动性和观念性正日益取代着传统公共艺术的地位。同时，艺术家们参与到公共设施的建设与设计中，将艺术理念灌输到百货大楼、水电站、废品回收站等公共建筑设计中，这在某种程度上将公共艺术的文化内涵与设计艺术的实用性相结合，正日益成为公共艺术的主要走向。我们可以看到，公共艺术的前景是远大而乐观的，而真正优秀的公共艺术必然既具备艺术价值与文化内涵，又符合公共意志与人民需求。

### 1.1.5 中国公共艺术的历史与发展

目前，中国学界较普遍的观点认为，公共艺术这一概念在20世纪90年代以后的中国才开始使用。新中国成立初期的人民英雄纪念碑和天安门广场是我国当代公共艺术的良好开端，它们真切地反映出当时“全国城市雕塑规划组”的成立，以城雕、壁画为主要艺术表现形式的中国公共艺术进入一个快发期。这一段亦可视为当代西方公共艺术概念在中国的萌发期。虽然以今天的审美标准看，此段时期的城雕和壁画作品在技法质量上也许不是最上乘的，但它们呈现出一种不可逾越的历史高度，却是今天再也无法复制的。这是一批历经十年“文化大革命”的艺术家，以难以言喻的激情释放创作出的作品，其中蕴涵对重生力量之美的赞悦和激赏，也许只有经历过那一段时期的人和历史本身才能真正体味。而这种始自艺术家原发的赞悦和激赏，成为此段时期中国公共艺术的一个主要的创作指导思想。此段时期公共艺术在中国主要集中于北京、上海等大城市及深圳、大连等沿海开放城市，除首都机场壁画项目，尤以1984年北京石景山雕塑公园的建立为代表。

我国公共艺术的发展包括内地和港、澳、台地区。学术界一般把1979年首都机场壁画的诞生，视为我国现代公共艺术肇始的一个标志（图1-4）。那么，如果以此为起点，我国的现代公共艺术已经经历了三十多年的发展。在规模与速度令世界瞩目的城市化进程中，我国的城市雕塑、公共壁画以及环境艺术、景观艺术等相继得到了快速的发展，大量的公共艺术作品出现在社会公众的视野中。但从整体来看，我国内地的公共艺术发展还处在较低的层面其艺术形态较单一（以城市雕塑居多），对新科技手段、新材料的应用也较为有限，且政策层面，尚未给予公共艺术以明确的界定，也没有相关的配套政策和有效的公共资金支持。因此，虽然随着我国经济审美化的深入，各地公共艺术建设热情高涨，但能真正反映并代表我国当时文化形象、令人过目难忘的公共艺术佳作还不多。

我国台湾地区是亚洲最早引进和制定公共艺术相关政策的地区。1992年，台湾“文建会”在参考美国“百分比艺术法令”的基础上制定了“文化艺术奖助条例”，要求公共建筑的1%经费必须用于公共艺术设施的设置。之后，在“文建会”的推动下，台湾地区实施了一系列的示范案例，其中最为成功地便是台北捷运公共艺术设置计划。捷运是台北地铁和城铁的组合，捷运公共艺术计划目的在于将艺术理念融入捷运站站点的内外观设计，以及公共艺术品的设置、艺术普及

**图1-4　1979年北京首都机场壁画之“白蛇传”**

教育等。台湾的公共艺术实践者和研究者也非常注重公共艺术的理论研究，如对国际先进公共艺术的借鉴、台湾公共艺术经验的总结等。

我国香港地区对公共艺术的称呼与大陆、台湾不同。香港将“Public Art”翻译为“公众艺术”，更加强调艺术为广大民众服务的宗旨。香港特区政府于2001年在康乐及文化事务署设立“艺术推广办事处”，负责公众艺术事宜。2001年、2002年，艺术推广办事连续举办两次“公众艺术计划”，通过公开选拔的方式，在东涌逸东社区以及多个文化场所设置了一批公共艺术作品，借此美化环境，提高居民的生活素质和为艺术创作提供更多的展览场地。同时，艺术推广办事处还积极投身于艺术的公众普及工作，如开办面向公众的“艺术专修课程”等。

自20世纪90年代起，全国经济状况发展较好的各大、中城市热衷兴建的诸如城市广场、CBD、城市公园、高新经济技术开发区、居民小区如火如荼。人们在经济环境改善后，表现出了对美好生活的憧憬和向往。环境美化的主观意愿预示着公共艺术成长的美好春天即将来临。这一段可视为西方公共艺术概念在中国的传播期和成长期。当时，公共艺术也许只是一个舶来的被视作新思维代表的名词，在不同的场合被不断新鲜地套用和转引。尽管喧嚣中也出现过一些关于公共艺术的理性讨论，但这些讨论还没有真正触及当代公共艺术的核心理念表述，大多立足于各自一定的学科经验进行阐释。实践方面，孙振华1998年的群塑《深圳人的一天》，以超写实的风格记录下深圳各阶层民众的一天生活行为，引发了社会各界的广泛关注和争论。

迈进21世纪，公共艺术在中国的内涵才逐渐开始同西方的公共艺术理念同义并趋步，但这已不仅只是形式的接近，学术界对其表现出一些带有民族化、本土化的理性思考，反映了中国知识分子通过三十余年的学习实践，开始在自醒中反思中国三十多年的改革开放，为了崛起不得不跨入全球性的现代化发展行进轨道所引发的一些负面影响，如城市设计人性化的缺失、城市历史文脉的断裂、城市生态环境的恶化等。如何通过公共艺术的实施，使这些问题得以相应的软化和改善，至少尽早避开西方经济发达国家在城市现代化过程中跌入过的发展陷阱。理论方面，2004年“公共艺术在中国”学术论坛在深圳开幕，主持人希望通过搭建一个公共艺术的学术平台，促进中国公共艺术水平的提高。实践方面，2001年建成的广东中山岐江公园，作为一个城市景观设计项目，倒是凸显出更多当代公共艺术的本体含义。2003年，在深圳举行的“深圳国际公共艺术展”，在中国首次将公共艺术与市民联系在了一起。

纵观公共艺术理念和实践在当代中国三十余年的发展，尽管取得了一些成绩，但同国外的公共艺术水准相比，中国的公共艺术成长远远不如中国的经济指数来得迅猛。从艺术表现形式看，不仅其依然局限于城雕和壁画，甚至现在还有观点认为公共艺术就等同于城雕，这种简单化的认识，导致公共艺术在中国发展的单一化。同时，在城市发展过分追求速度化、形式化的景况下，大批粗制滥造、抄袭模仿国外较成功的城雕作品涌现，致使当代中国公共艺术水平呈现羸弱的现状。

# 1.2 “公共艺术”概念及内涵

## 1.2.1 “公共艺术”的内涵

“公共”一词，《史记·张释之冯唐列传》：“释之曰：‘法者天子所与天下公共也。今法如此而更重之，是法不信於民也。’”，意指公有的、公用的。“公共”还有可以同时供许多人使用的意思，也就是指非排他性和非竞争性，即无法阻止某个人使用。“公共”的反义是“私家”，即与“私”相对。“公共”这个概念在西方是社会历史发展到一定阶段后才出现的。根据著名社会学家哈贝马斯的研究，在英国，从17世纪中叶开始使用“公共”一词，17世纪末，法语中的“Publicite”一词借用到英语里，才出现“公共性”这个词；在德国，直到18世纪才有这个词。公共性本身表现为一个独立的领域，即公共领域，它和私人领域是相对立的。

“艺术”是指用形象来反映现实但比现实有典型性的社会意识形态，包括文学、书法、绘画、雕塑、建筑、音乐、舞蹈、戏剧、电影、曲艺等。艺术是语言的重要补充，通过一定媒介传达信息。所以，每件艺术品都应该有它独特的诉求，且这种诉求就是艺术的生命力。艺术通常具备以下的特征：①形象把握与理性把握的统一；②情感体验与逻辑认知的统一；③审美活动与意识形态的统一。

“公共艺术”一词，最早出现在20世纪60年代的美国，来自于“Public Art”，直译上看，它是指在物理的公共领域内（通常是外部环境和所有可以进入的室内环境）艺术家们使用材料创造出艺术作品。

公共艺术的概念，从历史演化情况来看，始终处在一种动态的、持续变化的状态之中。公共艺术不是一种单一的艺术样式，其概念随着社会实践的需求、认知及理论批评的延伸而发展变化。同时，由于公共艺术的社会实践性、跨边缘性和整合性越来越明显，这使得公共艺术的概念在理论界还未达到统一、确切的定义。因此，公共艺术是一个内涵显得极为宽泛的概念。

从当前国内对公共艺术内涵的定位来看，主要存在以下四种倾向。

### 1.2.1.1 设计学定位

这主要从城市规划、建筑设计、环境及景观设计等技术角度来看待公共艺术。而这种理解则可以将公共艺术推进到人类城市文明和公共空间（广场）、建筑的产生。在某种意义上将其与环境艺术、景观艺术等同起来，较为侧重公共艺术的技术性因素。确实，公共艺术的设计、制作、运输、安装、维护，所需的材料、工具与供需等过程跟整个城市规划、建筑及环境设计是密不可分的，且公共艺术结构功能的实现受技术程度限制，公共艺术效果的实现同样需要技术手段的协调配合。

当代公共艺术家袁运甫先生就认为：“公共艺术是艺术家以与环境的外在形态和风格指向相

协调一致的艺术与严谨性创作的比较特殊的大型艺术化形式。它是为公共建筑、环境及群众性活动场所和设施进行设计的和制作完成的大型艺术，包括壁画、雕塑、园林以及城市景观的综合设计等内容。”[1]作为人类生存的空间环境，既包括生态的，也包括人工的、文化的、组织的和社会的各个方面，环境对于人的心理和行为具有十分深刻的影响。以这种研究为基点，尤其以人工和文化的环境为中心，环境艺术这门综合性的艺术学科应运而生。施惠也在承认公共艺术开放性、公开性特质的前提下，将公共艺术理解为一种环境艺术："这种具有开放性、公开特制的，由公众自由参与和认同的公共性空间称为公共空间（Public Space），而公共艺术（Public Art）所指的正是这种公共开放空间中的艺术创作与相应的环境设计。”[2]

#### 1.2.1.2 社会学定位

这种解释的着力点主要落在公共艺术的“公共性”上，在学术界占有绝对优势，并以此区别于环境艺术和景观艺术。翁剑青指出："公共艺术可以兼容环境艺术或启用室外雕塑的形式。但是，环境艺术和户外雕塑却不等于公共艺术。”由此角度出发，我们可以提出能构成公共艺术概念的几个具有普遍意义的要素：

1．艺术作品设置于公共空间之中，为社会公众开放和被其享用。

2．艺术作品具有普遍意义的公共精神及社会公益性质，直接面向非特定的社会群体或特性社区的市民大众。

3．艺术创作的提案、审议、修改、制作及设立等实施过程，应由社会（或由作品所在社区的）公众及其代表共同参与和民主决策（包括由私人、企业、社团资助的公共艺术项目）。体现社会公众对设立公共场域艺术的真实愿望、有关权利的授予和行驶过程的监控，即体现其“公共性”的重要内涵——合法性。

4．由社会公共资金支付的公共艺术项目的取舍、更动及其资产的享有权利，从属于社会公众（依法纳税的民众）。其知识产权则依法归属艺术品的创作者及其他合法拥有者。[3]

翁剑青从设置场所、创作目的、创作过程、知识产权归属等方面全面阐述了公共艺术的“公共性”内涵。这种界定主要吸取了西方哈贝马斯等人的社会学理论，从“公共领域”、“市民社会”角度强调公共艺术的社会学内涵。

孙振华也认为："公共艺术的前提是公共性，只有具备了公共性的艺术才能称为公共艺术。公共性的前提是对公民参与公共事务权利的肯定。”[4]

宝林则指出："所谓公共艺术，不是某种风格流派，也不是某种单一的艺术样式。无论艺术

---

[1] 袁运甫. 中国当代装饰艺术[M]. 太原：山西人民出版社，1989，10.

[2] 施惠. 公共艺术设计[M]. 杭州：中国美术学院出版社，1996，1.

[3] 翁剑青. 公共艺术的观念与取向：当代公共艺术及价值研究[M]. 北京：北京大学出版社，2002.

[4] 孙振华. 公共艺术论纲 在艺术的背后[M]. 长沙：湖南美术出版社，2003.

以何种物质载体表现或以何种语言传递，它首先是特指艺术的一种社会和文化价值取向。这种价值取向是以艺术为社会公众服务作为前提，通过艺术家按照一定的参与程序来创作融合于特定公共环境的艺术作品，并以此来提升、陶冶或丰富公众的视觉审美经验的艺术。公共艺术的表现形式、承载的功能和材料的运用各不相同，但其‘公共性’则具有显著的一致性。”[1]

可以说，大多数学者认为，公众参与是公共艺术最为核心的条件，且强调“公共性”这一社会学内涵。

### 1.2.1.3 艺术学定位

还有一种观点是从艺术形态的自身演变出发，认为公共艺术是突破古典艺术、现代艺术，迈向后现代艺术的一种主导形态，是对贵族趣味、精英意识的解构，这种理解把行为艺术、装置艺术、观念艺术、偶发艺术等当代艺术的探索形态或者先锋艺术也置入公共艺术里来探讨。显然，这里创作者的出发点是突破架上艺术、博物馆、美术馆艺术的局限性，推进艺术走向社会、走向生活。

在现代主义艺术时期，文化精英对于普通大众来说有一种话语权和优越感，一些艺术家的艺术创作是建立在对普通大众的文化及审美批评话语权力的剥夺和对立基础上的。而公共空间中的艺术曾为少数艺术精英极度个人主义和对传统艺术反叛的艺术表现，成为独立于普通大众生活经验和具体环境特性之外的独行尊者，所以，放置在公共空间中的艺术，不一定都是公共艺术。比如早期的达达主义、未来派、立体主义、野兽派、大地艺术（Land Art）、波普艺术（Pop Art）、超写实主义（Super-realism）、观念艺术（Conceptual Art）、装置艺术（Installation）等。这些现代主义纯艺术实践具有强烈的排他性和主观随意性。它一意孤行，自以为是，坚持反传统的价值取向，逐渐丧失了社会亲和力，其建立在自我中心之上的所谓高雅艺术与大众的文化消费相脱节，而同公共艺术所属的宽宏的包容性、文化的多元性、创作手法的多样性、使用材料上的综合性、展示空间的开放性和对公众欣赏的迎合性等格格不入。

然而，虽然这些现代主义艺术流派或风格和公共艺术的形成有着千丝万缕的联系，这些探索丰富了公共艺术的表现形式，促进了公共艺术风格多样性的产生，但还不是真正意义上的公共艺术，因为它们只是一部分人——少数艺术家的先锋探索，并没有得到社会意识的认同，这种前卫艺术还很少具有公共性或公众意识。在这些艺术探索中，艺术家的个体意识往往压倒公众意识，甚至人为制造了与社会公众之间的隔阂，这就让人很难认同这种缺乏公众性的公共艺术。也就是说，在这些探索当中，有些可以纳入公共艺术，有些则不可以。它们和公共艺术之间是部分重合和交叉的关系，也不能视为完全的等同；另一方面，这些艺术探索正是看中了公共艺术的巨大魅力，由于传统艺术形态的局限性，而选择在公共空间来进行艺术尝试，扩大其社会影响力。

---

[1] 包林. 艺术何以公共[J]. 装饰，2003（5）.

所以，从纯粹自律性的艺术学角度很难对公共艺术这个概念作出准确地阐释，因为它毕竟是一种具有“公共性”内涵的艺术，是社会政治民主化、社会经济的繁荣和城市建设紧密相关的。

#### 1.2.1.4 整合性定位

这种定位看到了过于偏向社会学和艺术学定位的片面性，因此主张综合对公共艺术的社会学和艺术学定位进行解释，即强调公共艺术是公共性与艺术性的融合。我们在强调公共艺术的社会学属性时，必须同时注意到，它还是艺术的，其以艺术的审美形式出现在公众领域和视野之内，而非其他形态。

据此，我们可以看出，公共艺术的本质是公共性和艺术性。

公共艺术作品经常是构成一处特定景观环境的主体和视觉的焦点。故而，公共艺术作品的成败与人居环境的优劣息息相关。一件好的公共艺术作品，无论是在空间形态、色彩，还是在人的观感与情感等方面，都能与周围环境相协调，构成与人居环境之间的和谐统一。相反，公共空间的一处败笔则带来环境与审美的双重遗憾。不仅如此，公共空间艺术还兼具对市民的教育功能，包括文化观念的濡染、审美能力的培养、审美境界的塑造及心性和性情的陶冶。

就审美而言，公共空间艺术作品是超功利的，它使观众在接受时，始终和现实利益拉开一定距离，从而培养其超越功利意识的、对艺术形式的审美感知，逐渐形成超越现实功利的精神境界。与此同时，作为与公众距离最近的艺术形式，它能使公众把感性的冲动、欲望、情绪纳入审美境域之中，通过理性的规范、疏导、净化，从而得到控制和调节，将其进一步引向审美境界，自觉涵化完成审美境界的塑造。由此看来，公共艺术作品不仅应该引起城市建设者、管理者的重视，也应该成为广大市民的关注对象。

长期以来，艺术的出现常被看作是高雅的、高贵的，公共艺术的产生，要求艺术必须从工作室、展览馆走向大众。这就要求艺术家要革新创作观念，使公共艺术的表现越来越贴近生活，充满平常生活的情趣与幽默感。

公共艺术作品的艺术性有自己的特质。它不是放之四海皆可用、普遍适应的艺术，它是针对特定时代、地域和环境的艺术。比如，苏州园林式的公交站台只有放在苏州街头才相得益彰。公共艺术作品出现的场所应该在路边、广场、公园、车站等视野开阔、人流稠密的开放型空间。因为它的社会价值比艺术价值更重要，共性比个性更迫切。

### 1.2.2 公共艺术的概念

公共艺术，究其范畴、形态、类型来看是一种广泛的艺术存在，一般涉及两个层面：首先公共艺术的基本前提是公共性，也就是说作为公共艺术，它首先是为公众、为公共场所服务，具有一定的规律或规则的艺术，体现公众对艺术的平等参与及公众对艺术的互动理解；其次是“艺术”的，即公共艺术需要通过各种不同的艺术形态来实现，譬如雕塑、壁画、工艺品、绘画等传统认知的创作形式，也可以是装置艺术、摄影艺术、景观艺术、地景艺术、公共设施等。对于公共艺术更加广义的理解，除了造型艺术的手段外，只要在时间上和空间上能够和公众发生广泛关系的其他艺术样式，如表演、歌舞等都包括在公共艺术之内。艺术家通过各种多元的艺术形式，将其融入具体的环境中，但其“公共性”则具有显著的一致性。

由此可见，公共艺术从属于艺术，但又不同于一般的艺术，公共艺术家不能自顾自创作，而要注意公共空间需要什么。黑格尔在《美学》一书中就曾指出：“艺术家不应该先把雕刻作品完全雕完后再考虑把它摆在什么地方，而是在构思时就应该联系到一定的外在世界和它们空间形式和地方部位。”[1]因此，公共艺术并非类似于纯粹的、单一的艺术创作，它不可以自命清高，也不能凌驾于具体的空间环境之上，它需要的是得体地融入与合适地安排。由于公共艺术表现形式的多样性，人们理解的公共艺术往往在内涵层次上并不完全一致，一般对之作出广义和狭义的划分。

广义的公共艺术，指设置在公共空间中一切艺术品和艺术美化活动，其载体除壁画、雕塑、装置、水体、建筑构造物、城市公共设施、建筑体表装饰及标识物、灯饰、路径、园艺和地景艺术等不同媒介构成的艺术形态以外，也可包括影视、网络、音乐、表演、节庆活动等。长久以来，这些艺术形式和艺术活动已经在公共艺术的实践中被社会公众接纳和延续。而其核心落在“公共性”的理解上。公共艺术的“公共”不仅指艺术品所置的物理空间所具有的公共性和开放性，服务公众的社会公共性，从社会学意义上看，公共是指一种社会领域，即所谓公共领域。一切公共领域是相对私人领域而存在的。因此，公共艺术的公共性可以从三个方面来理解：一是在场域归属上位于公共空间，如城市广场、公园、街道、社区等场所，这是公共艺术的基本条件；二是公众的主动参与，表现在公共艺术设立、维护、评价以及对新设公共艺术的建议等多个方面，艺术家、管理者和公众之间实现良性的互动交流机制；三是社会性，即公共艺术作品表现出对社会问题的关注，对人的物质和精神需求的关注，其内在话语权是民意的体现，而不是传统的宗教艺术、政治艺术中的权力意志的表现。

狭义的公共艺术，指对城市环境的物质创作。也就是说，公共艺术包括涉及城市视觉形象塑造的行为，涉及城市视觉形象塑造的行为，涉及城市规划、建筑、环境、园林、文化、市政和管理等诸多方面和艺术紧密结合，如：城市道路、广场、公共绿地、公共建筑等地的室外雕塑、壁画等视觉艺术，由壁画、雕塑、装置、水体、建筑构造体、城市公共设施、建筑体表的装饰及标识物、灯饰、路径、园艺和地景艺术等不同媒介构成的艺术形式等。

虽然公共艺术的范围存在广义和狭义之分，但在“公共性”的内涵上是十分明确的，这使得我们可以将公共艺术和一些相近的概念加以区分，并由此确立其在艺术家族中的独特地位。

---

[1] 转引自汪明强. 现代城市雕塑设计的空间结构[J]. 文艺研究，2003（4）.

### 1.2.3 公共艺术与相关概念辨析

在对公共艺术内涵做出界定的基础上，我们可以将其与相关概念展开辨析。

#### 1.2.3.1 公共艺术与环境艺术、景观艺术的关系

公共艺术以一定的公共空间为依托，公共空间的社会属性本身就具有符合性和多变性的特点，因此公共艺术往往与其他的艺术概念牵连在一起。例如，有人把公共艺术理解成环境艺术或景观艺术。从城市发展的历史状况来看，在城市中公共艺术主要承担美化和改善市民的活动和工作环境的任务。因此，艺术品放置往往是空间环境需要的一部分，这说明环境艺术和公共艺术之间的联系。环境是人类赖以生存的基础，它包括自然环境和人工环境。就环境的属性而言，有些环境是属于公共的，有些则属于私人的，而另外一些的性质则是模糊的。例如，我们如何理解原始社会在天然环境背景中的岩画、洞穴壁画及雕刻，如何理解在贵族制社会具有公共性质的壁画，显然我们评判它们的标准并不是它们是否存在于一定的环境中，而是看它们是否具有现代意义上的公共性特征。将公共艺术和环境艺术简单地划等号，实际上是将环境因素和公共因素混淆的做法。进而隐藏了公共艺术公共权力的背后动机和因素。从另一个角度看，环境艺术和公共艺术之间，也有意义重叠的方面。例如，在城市中，公共环境与公共空间在物理形态上近乎相同。尤其在后现代主义艺术中，除了公共雕塑、公共建筑外，公共艺术还向环境设计、公共电子媒体艺术等方向扩展。因此，可以从是否具有“公共性”来分析这些概念之间的关系，有时它们只是从不同视角对同一现象（事物）的不同称呼：公共艺术偏向于物跟人的关系，即从公共性特征来看待这些艺术品，而环境艺术和景观艺术都只是单纯地从场所、艺术特征方面来看待这种艺术品。

#### 1.2.3.2 公共艺术与大众艺术的关系

“公共”（Public）这个词与“私人”（Private）这个词是相对立的。公共艺术一般由公共机构主持，与满足富有阶层私人消费的纯艺术或高雅艺术不同，它是大众欣赏的。它存在于博物馆和画廊之外，占有一定的时空幻境，不像博物馆或是画廊中的作品那样可以随意移动，它是属于社会的、社区的一种文化。它能吸引公众的兴趣，改变他们的生活状况和环境，使他们接近艺术、分享艺术。然而，虽说公共艺术的基本受众是平民百姓，但是今天的公共艺术不是传统意义上的集体共享的艺术，或称大众艺术，诸如原始公社的艺术、宗教艺术、纪念碑艺术、通俗艺术或招贴广告之类的印刷艺术，以及人们日常生活中司空见惯的实用艺术（产品设计艺术）。这些艺术虽然面向大众，但受众差不多完全是被动的，而公共艺术是体现时代精神和文化品格的艺术类型。主要区别在于，公共艺术的对象——公众（The Public），不同于以往的民众（the masses，或称为百姓）这个简单多数的概念，更倾向于指达到小康水平，开始注意维护自己权益的市民即

中产阶级（Middle Class）。

在尚无私人意识的原始公社时代，民众是首领所代表的集体意志的执行者；在宗教时代，它是异化为神的恭顺仆从；在民主政治掩盖下的强权时代，它成为政客们追逐集团私利的旗帜。在上述情况下，民众仅仅是艺术的被动接受者，缺少主体意识和人本意识。而公共艺术出现的背景，则是这种主体意识和人本意识的觉醒。公共艺术与私人艺术、宗教活动场所的艺术、商业性的大众消费艺术的不同之处在于，民众拥有对公共空间中艺术品的话语权，拥有对公共艺术创作的参与权、批评权和决策权。而在这一点上，公共艺术和大众艺术表现出明显的不同。

## 1.3 公共艺术的属性

公共艺术的属性有以下几点。

1．在空间上，公共空间具有开放性和互动性。这种开放性是针对公众的，公众有权利自由进入公共空间欣赏艺术品，并且可以自发地与艺术品发生互动关系；另一方面，艺术的开放性在于它和周围自然环境和人文环境发生互动的关系，在周围环境变化的同时，艺术品自身具有的精神观念也会发生不同的变化。这里，公共空间本身也是一个相对的概念。例如，雕塑家在家中完成雕塑作品的时候，它只是一件放在私人空间的艺术，并不能称为公共艺术。当这件雕塑放置到公共场所中，那么它的展现形式发生了质的变化，这时候，我们称这件雕塑是公共艺术品。又如，中国南方私家园林的修建，最初是为了商贾贵人而建，它是“私人”的，但后来随着社会的进步与发展，部分园林被开放给众人了，这时，我们可以看待这些私家园林为公共艺术。总之，我们在判断是否为公共艺术时，应考虑到时间的变迁和社会的发展，用辩证的眼光去衡量。

2．在时间上，公共空间不同于一般的艺术设置，公共艺术的设置一般应具有永恒性和持久性。但是也有存在相对短暂的艺术，例如公共场所中的装置艺术、地景艺术、为主题活动设计的公共艺术等。

3．在价值指向上，强调公众性。公共艺术通过对公共空间的诠释来加强或声明新的意义，并成为影响空间品质的潜在途径。公共艺术的存在，可以唤醒市民对周围环境的多样性、空间尺度、公共记忆及自己居住空间意识的特别感受。其次，公共艺术作为社会精英裁决者与市民对话的媒介，可以加强和彰显市民的主人翁地位，弱化公共艺术家及公共艺术品的作用，强调公众的主导地位。以公共艺术的公众性、开放性、艺术性来消解集权概念，让市民可以触动到惊喜、平等、自由与游戏。

4．在表现手法上，公共艺术也不再拘泥于三维的雕塑、二维的壁画，而是可以利用各种技术手段和载体，集声、光、电、水、草为一体，将不同领域的艺术通过多元视野的拼贴，让不同的时代有不同形式的公共艺术定义。

5．创作主体上，公共艺术的作者未必是精英艺术家或职业艺术家。市民中的大多数人可能会在公共艺术方面并不是专家，但如有社会事件侵入他们生活，必然会引起他们的关注。20世纪80年代，法国总统密特朗决定改造和扩建卢浮宫，因此法国政府广为征集设计方案，并且邀请世界上15位声誉卓著的博物馆馆长对应征的作品投票。结果，有13位馆长从众多著名设计师的作品中，选择了贝聿铭的方案。他设计用现代建筑材料在卢浮宫的拿破仑庭院内建造一座玻璃金字塔。不料此事一经公布，在法国引起了轩然大波。挑剔的法国民众并不买账，当时90%的巴黎人反对建造玻璃金字塔。贝聿铭不惜在卢浮宫前建造了一个足尺的模型，邀请6万巴黎人前往投票表示意见，结果，奇迹发生了，大部分人转变了原先的文化习惯，同意了这个玻璃金字塔的设计。这是公众作为设计主体参与公共艺术的典型例子。

6．在体制上，公共艺术由于其经费来源于公众的税收或代表公众行使公共权力的政府财政拨款，因此，它的设置与安放必须依靠公共艺术制度的建立，即需要一套相应的机制作为保障。

7．在功能方面，公共艺术不再是仅仅为了城市美化与装饰这一单一的功能，而是可以作为打造城市品牌的战略，介入我们的生活，开拓我们的视野，让普通市民的生活更有质量与深度，进而影响我们一代人的生活方式。公共艺术也不再仅仅有主题性、纪念性、颂扬性的社会组织功能，更是在经济时代为了补偿和交流的体验需要，为了承载我们的文化记忆、分享某些社会的共同经验。

# 第 2 章

# 公共艺术的特征

公共艺术本身是一个相对的概念，是相对于架上绘画、美术馆画展、画廊艺术品陈列、私人收藏而言的。既然其属于公共的范畴，也就是很难界定单一的面貌和特征。我们可以尝试从以下几个方面对公共艺术的特征进行论述。

## 2.1 公共性

这一特征典型地体现了公共艺术的社会学特征。所以，我们可以说，从事公共艺术的与其说是艺术家，不如说他首先是一位社会工作者，因为一个公共艺术工作者必须具备明确地公共意识，受过社会方法论的训练。公共艺术家不再像过去一样，把自己当做艺术创作的中心，他必须通过有效的方法，保证公共艺术项目的实施。从事公共艺术必须了解社会，了解社会的艺术政策，了解有关公众事务的工作程序以及各种制度，并善于解释和陈述自己的工作以得到支持。从事公共艺术必须明确有关公众参与的可操作方式、方法、程序和准则；必须掌握倾听民意的具体方法：如调查方法、统计方法、展示的方法、听证会的方法、媒体讨论的方法、公众投票的方法等。

现代城市公共艺术作品设置于公共空间中，为社会公众而开放和享用。公共性本身表现为一个独立的领域，即公共领域。公共领域和私人领域是对立的。哈贝马斯在《公共领域》一书中这样写道："所谓'公共领域'，首先指我们社会生活的一个领域，在这个领域中，像公共意见这样的事务能够形成。公共领域原则上向所有公民开放。公共领域的一部分由各种对话构成，在这些对话中，作为私人的人们集合在一起，形成了公民。"[1]如果公共领域是形成公共意见的地方，那么，作为公共艺术载体的公共空间，就成为艺术家的创作与公众意见构成对话的领域。这种具有开放、公开特质的、由公众自由参与和认同的公共性空间称为公共空间。这个空间是开放的、公开的、自由的。而公共艺术所指的正是这种公共空间中的艺术创作与相应地环境设计。所以，研究公共艺术必然涉及公共空间问题，有了公共空间，公共艺术有了可能。公共艺术与市民的生活、城市的形成和发展、环境的视觉结构有着根本的联系。公共艺术作品具有普遍意义的公共精神或公益性质，直接面向非特定的社会群体或特定社区的市民。

## 2.2 公众性

空间上的公共性与价值指向上的公众性是硬币的两面，彼此不可分割。没有公共性也就没有

---

[1] （德）哈贝马斯. 公共领域的结构转型[M]. 曹卫东，王晓钰等译. 上海：学林出版社，1999.

公众性，反之亦然。公共艺术的公众性和公共性密切相关。现代城市公共艺术作品的征集、提案、审议、修改、制定及设立等实施过程，应由社会（或由作品所在社区的）公众授权及监控。由社会公共资金支付的现代城市公共艺术项目的取舍、变更及其资产的享有权利，从属于社会公众。其知识产权则归属艺术品的创作者或其他依法持有者。归根结底，现在城市公共艺术是指以人为本，在现代城市公共空间中创造生命活动空间美、生活方式美和信息传情达意的艺术。简而言之，就是指存在于现代城市公共空间中供人民大众共享的艺术综合体。现代工业化社会带来的大量消费，造成了各种各样的全球规模的环境问题，国家之间、地区之间都发生着新的变化。现代城市公共艺术的状况也同样在发生着变化。作为魅力城市中的一部分公共艺术，将不再是为了鉴赏而存在的艺术，而成为人们用于完善社会的艺术，艺术家们已经从只考虑现代城市公共艺术的放置场所的周边环境，发展到开始参与现代城市的整体规划和现代城市形象的构思中。

公共艺术作为以人（社会公众）为价值核心，以城市公共环境和公共设施为对象，以综合的媒介形式为载体的艺术形态，它的本质就是亲民的。它为社会公众而作，谋求的是公众之利，从物质上和精神上都是以人为本，以人为核心，以人为归宿，使人与环境构成一个和谐完美的生态体系。公共艺术在创作中，尽管不排除创作者个人的情感经验、艺术观念、思想倾向、风格特点在艺术品中的流露、注入和无意识地投射，但公共艺术的设置本质上是一种公众行为。要不要设置公共艺术，设置什么样的公共艺术，从创意、构思到设计完成，再到最终的开放管理都应由社会公众及其代表共同参与民主决策，具体操作者仅仅是公众的代言人。

## 2.3　参与性

公共艺术的开放性赋予了公众继续现实地参与的可能性，同时也提供给公众以广阔的想象空间。现代的公众，不应当只是被动地接受、观赏一件公共艺术作品，而是需要主动地创造它，并在这种创造中实现自己在公共艺术创作中的存在感。因为，人的“灵魂最深刻的泉源，是一条不可规范的水流，向着未来敞开。”[1]于是，不少艺术家依然尝试从艺术作品的想象力方面，赋予艺术接受者以更多自由参与的可能性。例如雕塑家朱成的《人文观光》系列（2002~2003），由于其巨大的尺度几乎不可能在现实之中实现，它只能以观念的方式存在。他把《蒙娜丽莎的微笑》置入中国式的榫卯建筑结构中；把米勒幽婉怅然的《晚钟》镶嵌在屋脊的露天横梁上；把象征信心坚定的《大卫》耸立在人群来往如梭的拱桥背后……（图2-1）这一切都为公众留下了无限遐想的空间。公共艺术的方案，对于物质媒材的最少需要，将最大可

[1] M·兰德曼. 哲学人类学[M]. 阎嘉译. 贵阳：贵州人民出版社，1988.

能地达成它的精神使命：在图像审美中唤起人的开放心灵。因为公共艺术的不确定性，也是艺术家创作的未完成性，正是人作为人的非特定化在精神上无限成长的可能性的表征。

公共艺术表现出对个体心理到社会活动之间的全程参与性。公共艺术的参与性是在公共艺术领域才具有的概念。公共艺术与非公共艺术的最大区别就是它的参与性，它一定是开放的、民主性的，它一定十分尊重参与者的社会权利，并公正地对待每一位参与者的意见。公众参与的方式是多样的，公共艺术的参与性不仅表现为公众对于作品结果的参与，还表现为公众对于过程的参与，共同推动作品的进展。

图2-1 朱成公共雕塑作品《栋梁》

## 2.4 互动性

社会公共艺术的互动性表现为作品、设计师、公众与环境之间良性的相互交流、沟通、选择和影响。互动是作品的延伸，也是作品的组成部分。公众对于作品的反馈，也是检验公共艺术成就的一个重要指标。

不同审美趣味、不同的审美层次的社会群体的存在要求公共艺术审美层次上的多元性。公共艺术作品只有自身多元的特质，接纳不同审美层面的社会成员，满足他们不同的认知，才能实现艺术作品与公众之间的沟通、联系，真正成为“公共艺术”。

互动性的另一个意义表现在公共艺术的结果是开放的，它的检验方式是在互动中完成的，公共艺术不同于一般的物质产品，在进入消费以前就可以评定出好坏优劣；它与传统的某些精神产品的评判也有区别，如传统绘画，画家的名气、作品的技术指标、批评家的介入等都会对作品评价产生重要的影响；公共艺术则不同，它成功与否的结论是开放的，社会公众才是作品成功与否的最后评判者，只有在互动中，在与观众的接触中，作品的意义和对作品的评价才能最后完成。

## 2.5 问题性

公共艺术实质上是城市精神生活的焦点，是不同区域市民性格的视觉体现。公共艺术注重对社会问题的关注与思考，它总是要针对各种社会问题：提出问题、认识问题、促进问题的解决。

哈贝马斯指出，有“批判的公共性”，也有“操纵的公共性”。有深度的公共艺术充分表明自己的价值立场，在人们习以为常的事物中发现问题，体现出社会的公正和道义。只有具有问题针对性的公共艺术才能具有公共价值，才会有助于人们警觉社会问题，帮助社会状态的改善。奥地利建筑师卡米罗萨特在著名的《城市建设的艺术》一书中说道：“我们必须记住（公共）艺术在城镇布置中具有合理且重要的地位，因为它是唯一一种能够随时随地影响大量公众的艺术，相比而言，剧场和音乐厅的影响则限制在较小部分的人群。”[1]公共艺术要求我们用严肃而勇敢的态度去面对这个时代的种种复杂问题，要求我们对于艺术和生活有着敏锐的理解。薇薇安·洛弗尔（Vivien Lovell）说：“一方面，公共艺术代表了一种愿望，试图以乌托邦的形态和场所强化观众对于艺术品、环境乃至世界的体验；另一方面，它又潜在地担当着现代主义的重任，试图颠覆和质疑各种固有的价值观和偏见。”[2]这两个观点表明艺术家和建筑师面临了空前的挑战，同时也不是所有的公共艺术作品都能同时达到这两个目标。有些艺术家能够成功面对这个挑战。其中，包括了纽约艺术家克里斯托（Christo）和他的搭档珍妮·克洛德（Jeanne Claude），两位艺术家在世界各地用各种材料将建筑物和自然景观包裹起来，因而闻名遐迩。他们的代表作品《包裹群岛》（Surrounded Islands），这项作品历时4年（1980~1983），以约60万立方米的粉红色布料，漂浮围绕着佛罗里达的11座岛屿（图2-2）。他们证明了可以用不同的艺术形式及环境让公众体验巨幅尺度的艺术品，同时依然保持现代主义的哲学理

图2-2 克里斯和珍妮·克洛德代表作——《包裹群岛》

[1] Public Art：Space，A Decade of Public Art Commissions Agency，1987—1997. introductory essay by Mel Gooding London：Merrell Holberton，1997.

[2] 转引自刘茵茵. 公共艺术及模式：东方与西方. 上海：上海科学技术出版社，2003，11.

念——对各种固有的价值观和偏见提出疑问。

## 2.6 艺术性

现代城市公共艺术与其他艺术一样，是由一定材料、媒介或设施构成的艺术形象或物体。公共艺术的创作要合乎人们的审美情趣和形式规律，具有艺术性。公共艺术作品以审美形式为基础，通过其形象、质地、肌理、色彩等构成要素向人们传达美的理念和情感，从而感染公众，使之得到美的启迪和感受。高迪在西班牙巴塞罗那市区北部设计落成的古埃尔公园，用了大量的瓷砖碎片、玻璃碎片和粗糙的石块，使用最便宜的建材，却创造出了童话般华丽的公共场所（图2-3）。在公共场所中的壁画、雕塑、光构成、装置艺术、纤维艺术以及公共设施的设计等，都要强调用美的形式法则来塑造形体空间和配置色彩基调，规范尺度大小，要考虑作品与环境的整体空间的对比、协调关系，还要考虑作品将主要面对的公众群里的心理，以便更有力地传达作品要表达的审美理想及意趣。但同时，作为长期放置在户外空间的公共艺术作品，它还必须考虑到维护和保养的方便，便于视觉识别，而不能追求单纯视觉上的美观。

**图2-3 古埃尔公园长椅**

## 2.7 功能性

优秀的公共艺术，不管采用何种艺术表现形式、手法，总是形式与内容、功能与审美达到统一的结果。当人们欣赏一件放置于公共空间的艺术作品时，往往所得到的美感，是一种对艺术作品整体的感受，这种感受不仅包括对作品的优美的形体结构、和谐的色彩搭配、有节奏的空间布置等形式美感，而且还包括从这些物质形态中所感悟出来的深层次的文化理念和精神内涵。这是一个升华的过程，即它能够通过形体空间和色彩空间将表现内容升华，使具有物质属性的构成关系转变为具有象征意义、精神特征的观念形态。这种具有象征意义的可视构成形式，作用于社会的不同层面，使每个人都能在对其关注过程中获取自身所能感悟到的观念意义。由于公众生活的强力介入，并置身于城市的文化、娱乐、商业、服务等中心地带，公共艺术的实用性首先体现在供社会大众使用的各种公关设施上，诸如位于步行街、凉亭、林荫道的休息座椅，交通管理设施，护栏、护柱、路墩等安全设施，夜间照明设施，卫生设施，电话亭、环境绿化等，它们既是构成公共艺术的重要载体，同时也是供公众休憩、穿行、活动、交流的实用性场所。例如，美国纽约某公园内休息座椅旁边，设置了台灯造型的路灯，别致的造型让公众在户外阅读时，感受到在家阅读时的温馨（图2-4）。公共艺术还可以保护生态，如植物群落和水域系统。公共艺术是重组和改造区域环境的重要因素，起到改善气候、净化空气、保持水土等作用；而公共艺术的一些保护性设施还可以避免人在活动中产生的人为或自然伤害的危险，起到拦阻、半拦阻、警示等作用。

图2-4 美国纽约某公园内的路灯

## 2.8 多样性

公共艺术的多样性表现在：就场所的意义而言，公共艺术不能看作是户外的艺术。公共空间不能只是被理解为室外空间，只要具备了公共艺术的特点，即使存在于室内空间也同样可以视作公共艺术。就作品的形态而言，公共艺术的多元性表现为可以使用以下各种艺术形态来完成：建筑艺术、雕塑艺术、绘画艺术、装置艺术、表演艺术、行为艺术、地景艺术、影像艺术、高科技艺术等。

## 2.9 文脉性

公共艺术不排斥对地方文脉的传承和发扬，甚至在某种程度上是以后者为基础和前提的。现代公共艺术已经成为社会中包括个人与人、社区与社区、城市与城市，乃至民族与民族、国家与国家之间进行精神情感和思想文化交流和援助的重要方式。公共艺术的存在，大到公共建筑艺术、城市公共环境与景观艺术的营造，社区或街道形态的美学体现，小到对公共场所的每件设施和一草一木安排的艺术创意，它们无不反映着一座城市及其居民的生活历史与文化态度，缔造着一座城市的形象和气质。无论是历史上遗留下来的一段城墙、一座庙宇、一条老街或一处雕花的井台，还是现代设计的一座建筑、一处广场或一件艺术品，都在默默言说着这座城市的沧桑岁月，显露着繁衍于其间的民众文化习俗和地方品格。它将以不同的方式影响着一个地区居民及后人的生活态度和审美素养，向外界传递着有关其在教科书里难以找到和详述的信息。

公共艺术的这种文脉性在当下的全球化语境中得到更为明确的强化。其原因主要有三点：一是惊恐多样化的地方文化生态的迅速消亡，城市历史文物及负建筑艺术的人为流失；二是差异城市历史风貌及其传统的地域文化性格识别性的消失，而使人们的感官经验、历史情感的追怀及文化旅游资源陷于失落；三是希望尊重自然地理和文化地理因素所造就的各类城市的独特景观与人文环境，为后人保留更为多样性的城市“样本”谱系。因此，公共艺术在创造和设计的表现形式、物质材料、工艺方法、表现题材和文化精神内涵等方面，实现与本地区自然和文化多维元素的内在关联与融洽。可以说，几乎在自然和社会历史方面有所积淀的任何一个地方的文化形态，都有它自身存在的必然性和合理性。这种必然性和合理性是特定的自然条件以及与之相适应的、久经磨合的社会经济形态所决定的。因此，公共艺术的视觉形式（形、色、质、量、空间环境等外在的构成形式）和内在的情感与观念元素（如文化符号的样式体系、美感、信仰、禁忌及价值认知等）应该尊重和融合其他地方所有的形态及其内在的精神理念，创造出与之相关、协调及亲和的艺术形式与环境形态，并在文化精神或历史意义上使过去与当代产生某种关联和对话。

公共艺术面对的是社会、公众共同关系的问题，这种问题总是体现在特定地域内，公共艺术需要面对这些问题作出反映，所以，公共艺术还要适应所处的地域文化和环境空间。由于社会发展总是呈现出不均衡性，因此，地域和社区常常会出现与自己的政治、经济、文化密切相关的特殊问题。公共艺术正是由于对地域性的强调，使它成为某个特定地域或社区的一种积极的参与方式。

## 2.10　艺术表现上的通俗性

公共艺术在艺术表现上的通俗性，是因为公共艺术要面对不同社会层次，不同教育背景、不同宗教信仰，甚至不同民族、国家、地区的人们。这里的“通俗化”，不是指一般大众“喜闻乐见”的“老生常谈”的作品，更不是庸俗化或世俗化的作品，而是以大众的审美情趣和审美心理为创作基本出发点，进行城市景观设计规划的设计理念，强调审美的公共性，强调作品与环境、与公众的亲和互动。

通俗一定不是庸俗。近年来，各地斥巨资建造的一件件具有商业色彩的公共雕塑拔地而起，从函谷关的“金身”老子像到海口张扬的性文化展，从云南会泽的“大铜板”嘉靖通宝雕塑到四川宜宾的巨大“五粮液”雕塑，从河北燕郊的“福禄寿”三星塑像到各地常见的手捧大元宝的财神爷塑像等（图2-5）。这些数不胜数的庸俗雕塑都以打造城市文化名片或旅游开发为名，堂而皇之地立于公共场所的黄金地段。由于雕塑家缺乏对传统的深入体验和对当下文化问题的深度介入及深层思考，缺少独立的思想判断和批评意识，不仅没有去弘扬传统文化的优良品格，反而盲目奉迎大众低层次的文化理解和审美局限，放大了传统文化中愚昧低俗的一面。大众化的构思、庸俗的造型、艳俗的装饰，传递出一种虚幻的文化精神和没落的艺术品格，并散发出浓烈的拜金主义色彩，既丧失了文化引领的社会功能，又丧失了艺术的审美性。秦代皇陵墓俑群雕的威严与浩荡，汉代霍去病墓前动物石雕的雄浑与霸气，隋唐石窟佛像的庄重与肃穆，以及天安门广场上人

图2-5　河北燕郊天子大酒店

图2-6　雕塑作品《万户千门》

民英雄纪念碑群雕的悲壮与气势，无论是主题形象，还是思想内涵，都曾感召了一代又一代国人的心灵。公共艺术对社会的影响力是巨大而深远的，不能模糊大众的审美观和文化价值立场。

## 2.11　综合性

公共艺术的创作与艺术家在工作室中单纯的个人性艺术创作不同，大型公共艺术的创作通常都体现出协作性和团队精神。公共艺术不是个人行为，而是一种社会化的协同工作，涵盖美术学、艺术设计学、建筑学、规划学等学科，并涉及历史学、社会学、民族学、心理学等领域，还需要由各社会管理部门协调，是通过多环节、多工序全面整合的产物，体现出一种合作意识。因此，一个公共艺术项目往往是通过工程师、建筑师、建筑工人、电气工程师、文案策划人、记者、市民代表、公共关系专家、社会学家，甚至摄影师、影视导演、广播电视技术人员等的通力合作，以及政府或企业的资助，经过共同策划、论证、立项、设计，最后才得以实施，具有高度的综合性，体现出群众性和科技、学术、艺术前沿性的结合。

从包豪斯开始，纯艺术、设计和建筑的结合已经被提上议事日程，今天这种交叉和综合已经成为许多人的共识。成都皇城老妈总店及其雕塑作品《万户千门》是雕塑家朱成的作品。这件作品将建筑和雕塑做了完美的柔和。相比“雕塑家”，朱成更愿意被称为“公共艺术家”。朱成试图将雕塑与建筑自身在空间场所中以同等的位置相融合，他想让“公共艺术”这一概念取代曾经四分五裂的所谓艺术门类。其雕塑作品《万户千门》是城市空间里的一个亮点，于1999年建成于成都二环路皇城老妈总店，建筑外墙装置浮雕，铸铁、汉砖、青砖，高20米。以雕塑装饰赋予建筑以历史的厚重感。暗合李白诗句："九天开出一成都，万户千门入画图"，是建筑与雕塑亲密接触的一座里程碑（图2-6）。公共艺术涉及城市规划、建筑景观，诸如道路与结合部设计、住宅环境设计、园林设计、社区学校和购物中心设计、城乡地区的规划，通过对地域、地理、历史、生态、文化的调研，借助设计手段，把建筑、园林、纯艺术融为一体，是人、人造物、自然之间的和谐。

## 2.12 统一性

从系统论的观点来看，公共艺术可视为城市环境层次中的一个子系统。其中每个子系统都是由各种组成要素以一定的关系结合联系而成的，以实现系统优化，而达到系统的优化，在必要时甚至要减弱或抑制某一元素而实现整体优化。因此，现代城市公共艺术是城市整体环境中的组成部分，建立这一概念对于现代城市公共艺术是十分重要的。现代城市公共艺术的存在形式或依附于建筑，或依附于街道、广场、绿地、公园等特质形态，并与之构成整体的城市环境，现代城市公共艺术应当坚持整体性原则，妥善处理局部与整体，艺术与环境的相互关系，力图在功能、形象、内涵等方面与城市环境相匹配，使现代城市与城市整体环境协调统一。公共艺术的统一性还体现出建筑及景观环境使用功能的统一。建筑以及景观环境的产生、存在和发展具有普遍意义上的功能作用。那些产生于不同区域，以不同的使用目的为特征的建筑以及景观环境同样存在着特定的功能性，譬如在某一特定的建筑整体环境、街道、社区和广场中所具有的各自不同的功能作用，公共艺术必须建立在与这些特定功能相适应的基础上，面对并巧妙处理来自各个方面的和可能出现的功能上的制约因素，使公共艺术与人文环境达到整体功能上的统一。比如位于巴黎拉德芳斯（la Defense）金融商业区中心的新凯旋门（La Grande Arche）是一座划时代的标志性建筑。它所处的法国巴黎中轴线更是一条串起了众多巴黎最富有魅力的名胜古迹的著名道路。此外，公共艺术也表现出跟建筑及景观环境风格上的统一性。诸如造型、结构形式、色彩、材料以及工艺手段等方面与整体环境的协调一致。例如，在2013年在沪揭晓的"国际公共艺术六大奖项"中，非常瞩目的是由瑞士艺术家诺特·维塔尔创作的位于尼日尔阿拉伯北部5公里的一片绿洲的奇异房子。诺特·维塔尔热衷于在世界各地建造奇异的房子。维塔尔运用被当地有些人视为废料的牛粪等材料建造了极具现代感的建筑结构，使作品既与当地的传统建筑物完全脱离开来，又能融入这座城市的审美习惯中。他雕塑的每幢房子都有一个明确的主题，比如"抵御热浪和沙尘暴之屋"、"望月之屋"、"观日落之屋"等。其中一个是儿童学校，450名儿童上课时就坐在这个阶梯上，而不是在常规的室内课堂，因此这幢房子不仅是一座雕塑，而且还具有了社会功能（图2-7）。当然，这种风格的统一并非表面形式语言的雷同，甚至在一些需要具有个性相对独立特征的公共艺术作品出现的建筑及景观环境里面，恰当的对比和反差会进一步加强整体环境的艺术感染力。譬如，法国卢浮宫前玻璃金字塔，建造的形式、材料、风格等都与16世纪建成的卢浮宫相去甚远。但是它的艺术呈现、技术都让这座“金字塔”成了体现现代艺术风格的佳作，被人们称为“卢浮宫院内飞来的一颗巨大的宝石”（图2-8）。再者，公共艺术作品作为独特的审美价值载体，也具有意识形态的深层内涵，在一定程度上成为再现和进一步提升人类生存观念、意识和情态的重要手段，它与建筑和景观环境表现出的整体意识形态也是协调一致的。

公共艺术的创造是一种复杂的系统工程，它利用环境、美化环境、创造环境，它是一个追寻历史和创造历史的过程，也是一项树立当地人文精神的形象工程。

图2-7 与环境融合统一的尼日尔建筑

图2-8 法国卢浮宫金字塔

# 第3章

# 公共艺术的功能

# 3.1 公共艺术的审美功能

## 3.1.1 公共艺术审美功能的意义

强调公共艺术的审美功能第一性是从一般以审美本质中得出的合乎逻辑的结论。虽然在不同的历史时代和不同的文化区域，人们对艺术本质理解上存在着诸多差异，如功利价值、道德价值、认知价值、宗教价值、政治价值等都曾被视为艺术活动的某种本质成分。固然艺术作品能够把政治思想和道德思想、科学概念和哲学概念、宗教观点或者无神论观点包容在自己的内容中，因而能够成为确证各种非审美价值的手段。但是，这些非审美价值——功利价值、道德价值、认识价值、宗教价值、政治价值等只是艺术的“第二性”价值，只有在审美这“第一价值”存在时，其他的价值才能得以体现。艺术的特征不在于它“混合了”人的其他活动和各种价值。艺术的特征首先就在于其中凝聚着存在于每种活动中的审美因素。“在艺术中，审美处在它所固有的各种活动的相互作用中，借助艺术家的创作，成为最高级的审美。”[1]马克思指出，“艺术对象创造出懂得艺术和具有审美能力的大众。”[2]深刻地阐明了艺术的审美本质。斯托诺维奇认为，“艺术的任何一种特殊的功能意义必定以艺术的审美本质为中介，在这种含义上它是审美的功能意义。”[3]

公共艺术作为艺术的一个分支，虽然人们赋予了公共艺术特殊的社会含义，强调它的非审美功能的意义，但是公共艺术其他功能的实现必须是公共艺术通过对个性的知觉、情感、趣味、想象等产生全方面的作用，唤起人们最深沉的审美体验的一种艺术。没有个体的审美体验功能，公共艺术就不可能承担其他的各种功能。

公共艺术的审美功能是无处不在的，它既体现在对社会个体的审美趣味、审美能力的塑造上，又体现在整个社会的审美意识、审美理想、审美风尚的聚焦和提高上。公共艺术不仅能够提高自然的审美潜力，而且在对城市的美化装饰上发挥着不可替代的作用。从这种意义上说，公共艺术的审美功能就是联系公共艺术各种功能的纽带，通过审美关系，公共艺术与各种最不相同、彼此之间仿佛没有共同性的其他功能——娱乐功能、教育功能、评价功能、改造功能、文化语义功能、社会交际功能、社会组织功能、社会发展功能、社会化功能等，得以联结成为一个整体。因此，审美是公共艺术各种功能有意义的根本要素。

既然公共艺术是以造型手段来反映、表现现实生活的审美形态，其作为包容人类生活和文化的容器，虽然具有所谓高雅艺术的独特内涵，且随人类物质和精神文明以及社会发展而不断

---

[1] 斯托诺维奇. 生活·创作·人[M]. 凌继尧译. 北京：中国人民大学出版社，1993：37.

[2] 中共中央马克思思想恩格斯列宁斯大林. 马克思恩格斯全集第46卷上册[M]. 编译局编译. 北京：人民出版社，1978：29.

[3] 斯托诺维奇. 生活·创作·人[M]. 凌继尧译. 北京：中国人民大学出版社，1993：70.

获得崭新的时代内容，但却一直脱不开“艺术”这个大的范围。作为艺术家族中追求成为与人最接近、与所有人和谐共处为目标的艺术形态，其所有功能得以产生、存在的前提当然离不开对审美功能——艺术核心功能的依赖。审美第一性，仍然是公共艺术承担的最重要、最核心的功能。公共艺术的审美功能首先是基于对公共艺术和人之间关系的分析，是通过公共艺术作用于主体心理来实现的，具有十分丰富的心理学内涵。

斯托洛维奇指出，“艺术的任何一种特殊的功能意义必定以艺术的审美本质为中介，在这种含义上它是审美的功能意义。”[1]“审美就是艺术的各种功能意义的形成系统的因素。”[2]在公共艺术的功能系统中，审美功能也发挥着同样的作用，将公共艺术的各种功能紧密地连接为一个系统。公共艺术的审美功能依靠特殊的审美心理机制——体验来实现。体验作为现代美学的核心范畴和主要论题，也是公共艺术实现各种功能的前提和先决条件。有研究指出，体验和经验不同，经验指“作为人的生物与社会阅历的个人的见闻和经历及获得的知识和技能”；[3]而体验则是“经验中见出意义、思想和诗意的部分”。[4]可以说，体验作为一种价值性的评判和领悟，它指向价值世界。它是主体去寻求、体味、创造生活的意义和诗意的一种内涵丰富、以情感为中心的审美心理活动。

人们对公共艺术的体验来源于对其形状、色彩、大小、秩序、比例、硬度、韵律等形式方面的感知。这种自我们孩提时代就开始积累的一系列经验，使我们能够将劲挺和柔美、粗糙和细腻、沉重和轻巧等情感评价与材料的表面特征联系在一起。对此，我们意识到各种不同的事物引起的完全不同的感觉，并由此赋予每种媒介——材料、形状、色彩以及其他能被感觉到的特质以独特的情感品性。因此，每件公共艺术品宛如一位朋友、一个知己或是情人向我们诉说它自己的个性，以自己独特的情感语言与我们进行心灵对话和交流，对我们的心灵产生独特的效应。我们透过公共艺术的形式也就捕捉、体会、创造出生活的意义和诗意的内容。

### 3.1.2 公共艺术的审美的美学形式法则

#### 3.1.2.1 大小

从19世纪公共艺术的发展来看，公共艺术作品的大小可以等同于体量。不管是由一座山或一片海设计出的大地艺术或是人们设计结构物，单是体量便可以在我们的想象力铸下深刻印象。在公共艺术中，重量感、实体感往往是趣味的源泉。巨大的体积或重量可以引人崇敬和遐想，或者说它的特质正在于它的量——巨大形体的美学。比如，奥登伯格把普通常规的一些日用品如：

---

[1] 斯托洛维奇. 生活·创作·人——艺术活动的功能. 凌继尧译. 北京：中国人民大学出版社，1993：70.

[2] 同上：71.

[3] 童庆炳，程正民. 文艺心理学教程[M]. 北京：高等教育出版社，2001：74.

[4] 同上：75.

衣架、纽扣、伞、锯子、铲子、纸火柴等超常规地放大，成了很有意思的公共艺术作品，耸立在闹市区的街心公园、广场，给人非常别样的气象。每天都能见到的日用品，仅仅因为尺寸的改变变成了大家喜爱的公共艺术作品（图3−1）。

图3−1 奥登伯格的放大日用品的公共艺术作品

公共艺术的巨大体量带给我们的远远不止趣味性、优美，而是博克所说的最令人震撼的“崇高”。大小、体积、数量等是构成“崇高”感不可或缺的特性。正如博克所说，“无限会在人们心灵里填入愉快的恐惧。”[1]可见，单是公共艺术的尺寸大小就可以给予我们极大的快乐。而在这些体量大小之中，还可以得到无限多的形状体量的组合。这些形的设计元素的融入使我们对公共艺术的体验，趋向更为细腻、复杂的表达。

在所有的艺术形态中，公共艺术可以说是最大体量的艺术。这是基于其为了提供空间以供人们居住、活动的使用目的。

### 3.1.2.2 形状

阿尔瓦·阿尔托（Alvar Aalto）在1995年维也纳建筑师协会的演讲中提到：“造型是个不可一世的东西，无法定义，却以殊异于社会济助的方式使人觉得愉快。”确实，我们察觉得到的物体都有形体，每种形状对我们而言，都有某些微小而真实的信息。所以，内心因认知而感到喜悦，某些潜在的喜悦即来自人们对形的了解，对我们来说公共艺术存在特定满足感。公共艺术作品的形状引人注意，令人好奇，更以各种方式刺激我们。有些形状带有特殊的信息，很容易了解它为什么会动人，有些则难以解释。不管解释与否，形的力量是无可怀疑的。譬如，澳大利亚的著名标识性建筑，用的就是“橘瓣”形；迪拜的阿拉伯塔酒店，用的就是“帆船”形。这都是由“形”带给人们直接的心理联想，使人印象深刻。

有时候形状传达的信息和美感毫不相干，这些信息可能是字面上隐晦的、暗喻的，甚至是激励的。比如，西方用十字形来象征基督，也可以是等腰三角形，表示三位一体。形状可以有无限的变化，用自己的视觉特性冲击人们的视觉和心灵。例如海螺堂，日本江户时代后期建造，也是当时那个时代最流行的建筑形式，带有双螺旋楼梯的佛堂。这种异于常态的建筑外观形式和特殊的结构构造，使它被日本评为重要文化财产，是NHK世界100座著名建筑物之一。设计者主张的美学是：不仅应重视建筑物的内部，也要重视建筑物的外部空间，进一步还应该美化和建筑物相连的街道（图3−2）。从此，我们看出，“形”在公共空间的作用和重要性，这个重要性不仅是针

---

[1] 转自朱光潜. 西方美学史[M]. 北京：人民文学出版社，2002：235.

对艺术品自身，还影响到它与环境的部分。

形状非常重要，但必须考虑的不是单一形状的冲击，而是部分与部分之间，部分与整体之间的关系。只有极少数的形可能单独与我们对话，多数形必须和其他的形配合。各种形的合成，它们之间的相互影响、彼此的和谐冲突，衍生出所有公共艺术作品的重要特色。

图3-2 海螺堂（日本）

### 3.1.2.3 秩序

部分与部分、部分与整体、公共艺术与场所的关系、重复与模数以及强调设计的历史文脉等，都是为了秩序。公共艺术品的秩序关系也是审美体验的重要因素。

任何艺术作品，其实任何人为的作品，都有相当程度的复杂性，不可能有所谓“绝对的秩序”，如果找得到，那必定也是僵硬的，无生命的东西；也不可能有不拘形式、毫无秩序的作品，如果真是如此，那也不能被看做是作品了。因此，公共艺术就一定是处在绝对秩序和毫无秩序之间，在均质与混乱之间。

恣意、不恰当的造型和线条仍然可能和谐，建筑秩序不一定要为人熟悉，可能有极强的艺术个性，对观者而言可能是全新的东西。尼尔森说过：“宝贝似的为主空间，并不是为了空间本身，而是为了活跃于其中的生命。”[1]所以，公共艺术里总有某些东西无法分析，某些东西触及心灵最神秘的部分，某些东西不但超越实用，甚至超越理性及日常经验。否则，它就是最大、最动人、最复杂、最长久、最有力的艺术。

大地艺术家克里斯托的代表作品《连续的围栏》，这一跨越被加利福尼亚两个县的尼龙长围栏，高5.5米。透着日光并带着褶皱的阴影的白色围栏，像白色的长城蜿蜒在绿色的山冈上，时隐时现，寂静中排列的秩序，被风习习吹着。动与静、光与影、面与线、白色与绿色、柔滑的尼龙与簇绒般的草地交织着诗一样的秩序（图3-3）。路易斯·康设计的耶鲁英国

图3-3 克里斯托代表作《连续的围栏》

[1] 斯坦利·艾伯格隆比. 建筑的艺术馆[M]. 吴玉成译. 天津：天津大学出版社，2003：18.

艺术中心，用方形作基本元素，细心处理其比例及单纯反复塑造的沉静秩序，让人享受到视觉上的和谐与喜悦，从而以新的感觉方式知觉世界（图3-4）。

**图3-4 耶鲁英国艺术中心**

### 3.1.2.4 比例与尺度

建筑师兼理论家阿尔伯蒂在1485年时写过："数字透过音的和谐使我们的耳朵感到愉快，同时可以使我们的眼睛和心灵愉悦。"矶崎新的日本群马美术馆，完全是立方体的组合，却远比方形图案更有变化和趣味。利用相似或重复以追求构成上的统一和谐，实际上也提供了许多变化及复杂的可能。和谐被视为引用数字的结果，这些数字间存在着简单的比率关系。赖特在《论建筑》一书中，提到比例本身没有什么，只是一个环境的关系，室内室外每一件东西都有影响。这显然是赖特式的夸张法，因为比例本身确实有某些价值。赖特在这篇论述及其作品中确实掌握了一件重要的事：地方环境及特色和特殊技能一样，限制这些系统的价值。对芝加哥似乎合适的比例可能对威斯康星的山丘来说就完全不对。

帕邱里指出："我们应该先讨论人的比例，因为从人体可以得到一切的尺度及其单位，而且，在人体上可以找到上帝借以透露自然深刻秘密的一切比例。"[1]帕邱里假设人体是上帝透露自然"最深刻秘密"的工具。事实上，我们无法证明以大自然为本或以人为本的比例系统必然引导人实现更好的公共艺术，但我们可以说公共艺术与人体亲密相关，任何好的公共艺术都不能忽视这种关联性。

城市公共艺术品的设置必须以人为尺度，均以"人"为中心，时时体现为"人"的审美体验来服务的宗旨，处处参照人体的尺度。有些大地艺术的超大尺度也是以人为尺度的，目的就是震撼心灵。只有当城市的公共艺术品不再是小得像玩具，大得无法用人的感官去把握，它的大小、比例具备了人的尺度时，这些公共艺术就进入了一个新的存在阶段——因为公共艺术不仅意味着

---

[1] 斯坦利·爱博格隆比. 建筑的艺术观[M]. 吴玉成译. 天津：天津大学出版社，2003：32.

从外面看到的形状，而且意味着在人们周围构成的形状，在里面生活时的形状。这是人进行审美体验的基础。就好比一张从空中航拍的影像图片或没有人物的风景照片，里面的植物、建筑、公共艺术品失去了以人为参照物的尺度感，它的尺度也就无法感知。城市的公共艺术品尺度的设置是否适宜，主要是指公共艺术品和当时的城市肌理是否与市民在行为空间和行为轨迹中的活动和形式相符。个人对尺度“适宜”的感觉就是“美”，是一种充分而适宜的感觉。个人对尺度“震撼”的感觉就是强烈的视觉冲击快感。

### 3.1.3　公共艺术审美功能的实现途径

除了公共艺术本身的美以外，公共艺术与环境的关系也是公共艺术审美功能实现的重要途径。这包括了公共艺术品的场所和大众在公共空间的知觉感受两个层面的内容。

#### 3.1.3.1　公共艺术品的场所

对公共艺术作品的欣赏和对场所的体验有着密切关系。公共艺术从来都是和周围复杂的环境因素结合在一起的。在一件公共艺术作品被创造出来之前，它就有可能依赖于复杂的社会状况：它必须配合一般的分区管理法令及建筑规则，配合现行的贸易可行性及空间租赁市场，更配合社区的一般经济状况及业主的个人经济状况。当这些决定因素调整恰当之后，公共艺术家才可能考虑公共艺术与其周围环境的关系，而从艺术的角度看，这才是公共艺术的起点。

最糟的是，公共艺术在基地上像个外来的、多余又不恰当的添加物；最佳的情况是，公共艺术使周遭凝聚成一个场所，将有关地方性的线索整理、编织成视觉焦点，建构新的真实。

公共艺术要和场所发生关联，总有机会创造出一些所谓的周遭环境，将本身及附加的部分伸展到周围景致里。壁画、雕塑、园林都可以调和建筑物与自然。贝聿铭在苏州博物馆新馆的设计中，设计师把石头砌成不同形状以后，采用以白壁为纸，以灰石为绘的设计手法，用片石、砂砾等材料构造出宋代山水画的意境，高低错落地排放在墙壁前，面对一池湖水，像是一幅立体的水墨山水画（图3-5）。这片石假山与周围环境十分融洽地结合在了一起，仿佛一开始就有这样的一座山在那里一样。

图3-5　苏州博物馆新馆一景——“片石假山”

让公共艺术和周遭的既有建筑建立某些关系，因为这些建筑对地方性格已经有了相当实质的影响，这是公共艺术和场所发生关联的另外一种方法。引用地域性的传统元素，象征了连续而非断裂，熟悉而非陌生，并且由于这些传统是因当地气候及历史条件而发展的元素，往往有“深厚感”的优点。

如何将公共艺术安置在基地上及周围环境里，都会影响到体验公共艺术作品的美学品质。公共艺术和基地的整个形态，整个区域甚至是和整个城市的关系，每种状况设计程序都不一样，其中都可能隐含了审美体验的基本规则。

现代人文地理学派及现象主义景观学派都强调人在场所中的体验，强调普通人在普通的、日常的环境中的活动，强调场所的物理特征、人的活动以及含义的三位一体性。这里的物理特征包括场所的空间结构和所有具体的现象：这里的人则是一个景中的人而不是一个旁观者。因此，构成场所或景观的一部分的公共艺术不是让人参观的、向人展示的，而是供人使用，使人成为其中的一部分。场所、景观离开了人的使用便失去了意义，成为失落的场所。只是，公共艺术的角色并不都是去配合，反而往往是引入新的元素以转化既有的基地。从根本上讲，环境方面的角色是公共艺术的重要机能，这里的机能指的不是任何物理上的机能，而是难度较大的美化环境、塑造空间、界定性格之类的机能。

优秀的公共艺术品应该是有故事的，且这些故事都是与场所的使用者紧密相关的。所有的这些，构成了公共艺术品的美。公共艺术的美不仅在于形式，而且是从具体的生活体验和人对城市的实际感受出发，研究人的行为心理、知觉经验在公共艺术品空间和城市环境之间的联系，强调以人为中心，以宜人的尺度构筑城市公共艺术品空间，强调公共艺术品空间与城市生活的融合。而且这些城市公共空间的交流——人与人的交流、人与作品的交流乃至人与自然的交流，不断强化了公共艺术作品作为公众中心的“场所”精神。

#### 3.1.3.2 公共艺术品与公共空间

公共艺术品能够扩大和深化人们的活动范围，增加人们对公共空间的信赖感和依附感，鼓励人们相互交流，减轻环境的压力，并积极参与到公共空间的改造中去。通过公共艺术来体验公共空间的魅力也是其一个重要的功能。

公共空间是与其所在地域环境的特征和特征的物质表现，是城市中最易识别、最易记忆的部分，是城市魅力的展示场所，更是公共艺术品的背景。人们对城市的认知往往也是通过对城市空间的认知来实现的。“城市空间与公共艺术空间不同，在城市空间中占主导地位。它是由不同功能、不同面积、不同形态的各种空间，如广场、街道、园林、绿地、居住庭院包括公共艺术空间等相互交织的具有一定体系的序列。”[1]同样的，公共艺术对城市整体美的贡献不在于炫耀单独的个体，而在于公共艺术品和空间完美组合的城市景观上。

[1] 金广君. 图解城市设计[M]. 哈尔滨：黑龙江科学技术出版社，1999：210.

公共艺术品必须为城市景观空间服务，因为公共艺术是景观艺术中一个重要的组成部分。它是以公共艺术品和相关空间区域所组成的以特定景观环境为背景的艺术设计形式，比如在说建筑本体及室内外空间环境、街道、广场、社区等景观中的造型审美的物质形态。公共艺术往往是构成某一特定景观空间的主体或视觉中心，它在空间大小、形态、尺度、色彩、比例等方面需要注意协调与周边空间的场所关系，从而构成公共艺术与整个空间环境完整统一的美学规则。

单个公共艺术作品中的所见，同在公共艺术作品与所处空间的复杂变动交感中的所见，是完全不一样的。积极的体验能够有助于人们形成头脑中的认知地图，了解空间的意义。因为公共艺术与人的生活空间是紧密联系在一起的，人的行为的改变会带来视点的改变，由此形成的空间环境也会随之发生改变，并具有了时间的顺序。这样，空间不再是三维的形式，而将以四维的形式出现，公共艺术同时具有了时间和空间序列。随着审美主体欣赏角度和视点的变化，在静态和动态的发展关系中，环境艺术就会表现出多样变化的形式和形象。

### 3.1.4 主体对公共艺术的再创造

人们在与公共艺术进行交流的时候，人们并不是被动地接受，而是积极地参与和再创造。就欣赏者而言，看本身就是一种再创造的行为。为了体验所见到的公共艺术，也就必须具备这种再创造能力。但是，人们体验到的公共艺术与设计师所创造的差别很大。“对一事物的外貌并不存在着客观正确的概念，只有大量不定的主观印象。艺术品是如此，其他任何事物也不例外。”[1]也就是说，有什么样的互动体验不仅决定于公共艺术品，很大程度上取决于城市大众的审美意识，包括在城市特定的社会历史观景中所形成的审美理想、审美观念、审美标准、审美情趣和审美素质、个性等。它们是城市大众在感受、认知、欣赏和创造城市形态美的过程中逐步形成的，同时又反过来对城市形态美的体验和再创造起支配作用。

城市大众既是城市生产和生活的主体，也是城市审美活动、审美体验的主体。积极主动的体验可以激发联想、拓展人们的思维空间，并密切环境与行为的互动关系——不但参与城市形态美的欣赏，从优美的城市环境和生活中得到美的享受，而且也参与公共艺术的再创造——以自己的感知代替公共艺术品并与之融为一体，共同演绎一段故事，获得一种与众不同的、独一无二的体验。所以，与其说是体验公共艺术，不如说是体验自己。

### 3.1.5 公共艺术审美功能的独特呈现

虽然公共艺术也可以和其他的艺术一样，让我们为之惊叹，伸展想象力，给予片刻神清气爽

---

[1] S·E拉斯姆森. 建筑体验[M]. 北京：中国建筑工业出版社，1990：27.

般的沉浸，但是，在公共艺术的审美体验中，除了有一半艺术审美活动的共性外，还具有自身的特殊性。这跟公共艺术的本质特征和内在结构有关。公共艺术区别于其他的艺术形态的最本质的特征在于“公共性”和“公众性”，这个是公共艺术的精神所在。正因如此，我们才可以体验到它“为生活而艺术”的真谛。公共艺术以其“亲民性”而对改善大众生活品质有所助益，在某种意义上它超越了物质形体本身，更多地体现出观察者、使用者所赋予的回应机制。公共艺术对这首要的审美体验规则的强化和强调，正式凸显了自身的独特内涵：公共艺术品的创作不仅仅是“设计”、“服务”和“政绩指标”，它还伴随着强烈的情感体验。这种以强烈的情感体验为基础的公共艺术，不断推动着艺术从宗教神坛、高高的庙堂、贵族的雅玩乃至博物馆的收藏走向世俗、走向大众、走向日常生活，与城市大众的公共空间和日常生活融为一体，对“为生活而艺术”作出有力的新阐释。可以说，公共艺术的产生和兴起，推动了日常生活的审美化（艺术化）进程，加速了艺术和生活的融合，在消解着传统艺术的贵族趣味、庙堂气息和精英意识的同时，也以一种更加亲民化的方式改善着城市大众的精神生活水平，呈现出自身的独特魅力。

#### 3.1.5.1 艺术与生活的日益交融

公共艺术其实是艺术介入生活的一种重要形式，其产生和形成并非一个孤立现象，而是与特定的历史文化背景息息相关：现代艺术操作带来艺术观念巨变，城市化进程提供了公共艺术实践的大好机遇，环境意识的觉醒，市民社会和公共领域的形成，全球经济一体化的推波助澜等。

在人类历史上艺术曾长期被宗教化、宫廷化和贵族化。艺术或被用来表达对宗教的虔诚信仰，或被视为享乐的对象、社会等级的象征、财富的标志等。进入工业化时期后，现代主义艺术运动以其精英意识和先锋精神，大大消解了传统艺术对于宗教、政治、伦理等其他文化领域的附庸性，加速了艺术作为一个独立文化领域的形成。然而，现代主义艺术实践也暴露出艺术家过于追求自我的个性化表达，并标榜艺术的无功利性，强调它不再与我们的日常生活和整体的直接利益有任何直接的联系，以致脱离民众、轻视民众，从而妨碍了艺术与民众日常生活的有机联系。这在某种意义上又极大地压缩了艺术的生存空间和生命活力。

但在现代主义艺术阵营中，同时又酝酿着重新走向生活的“后现代转向”。从1895年维尔德提出“艺术与生活真正的结合”的憧憬，到未来主义艺术家提出“我们想重新进入生活”的纲领，现代主义艺术阵营内部的某些流派一直进行着艺术转向生活化的努力。1950年可以被视为分界线，纽约现代美术博物馆举办了题为“在你生活中的现代艺术”的展览。从此以后，艺术与日常生活便发生了更为紧密的关联，尤其是波普艺术以及“通俗的（为广大观众设计的）、短暂的（短时间解答的）、可消费的（容易忘记的）、便宜的、大批生产”的品质，[1]成为大众文化的同谋。然而，现代主义的先锋艺术仍是“艺术化的反艺术运动”，在这种精英艺术实验的内部，

---

[1] 休斯. 新艺术的震撼[M]. 刘萍君译. 上海：上海人民美术出版社，1989：303.

是不可能实现审美方式“生活化”根本转向的。自20世纪70年代开始，当代欧美“前卫艺术”又以另一种“反美学”（Anti-aesthetics）的姿态走向观念（Conceptual art，即观念艺术）、走向行为（Performing art，即行为艺术）、走向装置（Installation，即装置艺术）、走向环境（Environment art，即环境艺术）……也就是回归到了日常生活世界。这种“反美学”所反击的是康德美学传统，因为按照康德美学原则建构起来的审美领域与功利领域是绝缘的，它必然要求隔断纯审美（艺术）与其他文化（非审美）领域的内在关联。在这种传统美学视线内，美和艺术的长处就在于它不属于任何实际的（如日用）和认识的（如科学）领域，但行为艺术和装置艺术恰恰要进入生活实用领域，以“非视觉性抽象”为核心的观念艺术也是可以纯理性认识的。

总之，当代前卫艺术在努力拓展自身的疆界，力图将艺术实现在日常生活的各个角落，从而将人类的审美方式加以改变。在这种“生活艺术化”的趋向中，艺术与日常生活的界限变得日渐模糊。这也就是美学家阿瑟·丹托所专论的“平凡物的变形”如何成为艺术的问题。[1]

艺术家对艺术向日常生活方面的探索在当代公共艺术领域获得了大显身手的机会。伴随着城市化建设和政府对公共艺术政策的扶持，艺术家日益和设计师、建筑师等工程技术领域的实践者结盟甚至直接完成自身角色的嬗变，而成为设计师，参与到城市的公共艺术设计和建设中来，于是我们看到，户外装置艺术直接进入城镇的街道上或郊区的亲水空间，一些所谓的公共艺术不断地蔓延在各地新建公共建筑的周边空间中，各地公有闲置工件陆续再利用为开放性艺术展演空间，与社区总体营造相关的所谓城市或乡镇的多样性艺术节也陆续在各地隆重推出，在一些商圈周边的广场或人行道上，也出现了一些年轻人自发地街头表演。可以看出，艺术不光介入日常生活空间，也逐渐变成人与人、人与环境互动的媒介。

### 3.1.5.2 公共艺术与生活的审美化

公共艺术介入日常生活的直接后果就是日常生活的审美化和艺术的日常生活化。日常生活的审美化首先受到人文社会科学领域的中外学者们的注意。

英国学者迈克·费瑟斯通（Featherstone M.）在1988年4月的一次演讲中，就曾经对生活审美化的表现形式进行了论述，他认为审美、艺术向日常生活的大举进军的所谓后现代现象，它与启蒙运动以后将科学、艺术、道德等领域逐一分离出来的“现代性精神”是恰恰相反的。[2]国内学者陶东风结合自己对当代城市的观察，认为所谓的日常生活审美化或审美的日常生活化（审美泛化），主要是指当代社会审美活动已经超出所谓纯艺术或文学的范围，渗透到大众的日常生活中。一些新兴的泛审美（艺术门类）或审美、艺术活动，如广告、流行歌曲、时装、电视连续剧乃至环境设计、城市规划、居室装修等占据着大众文化生活中心，审美（艺术活动）“更多地发

---

[1] Danto Arthur C，1974，The transfiguration of the common place，in The Journal of Aesthetics and Art Criticism，Vol，33，No. 2，pp 139-148.

[2] （英）迈克·费瑟斯通. 消费文化与后现代主义[M]. 刘精明译. 江苏：译林出版社，2000：95-99.

生在城市广场、购物中心、超级市场、街心花园等与其他社会活动没有严格界限的社会空间与生活场所。这些场所中，文化活动、审美活动、商业活动、社交活动之间不存在严格的界限。”[1]

从上述学者的论述可以看出，日常生活的审美化虽然有相当丰富复杂的内涵，但其主要领域可以概括为产品审美化（工业产品设计）和环境审美化（如环境设计、城市景观设计）两项内容。环境的审美化正是他们得出日常生活审美化的重要依据。而环境审美化则是公共艺术介入日常生活的一个必然结果。

那么，公共艺术是如何介入日常生活，推动了日常生活审美化的呢？我们认为主要通过介入日常生活的空间和时间，承载大众的心理经验等方式来实现的。

公共艺术介入人群中的公共空间。真正的“公共空间”不是实体的空间，而是人们群体的动员，以及这些行为、发言的人，他们为此目的所拓展、使用的空间。这个公共空间建立在每一个人与世界和与他人“同在”的可能性之上，在那里人们可以没有戒心地、自在地谈话、交流，而公共艺术正是促成每一个人与世界及他人“相遇”的媒介，作品自身孤立的美感反而不是它的重点。

公共空间展现了时间与空间。公共艺术开辟了一个让都市大众进行交流的时空条件。当大众在市民广场、购物中心、街心花园、地铁站遭遇到那些凸显不同地域感、场所感甚至历史感的公共艺术作品时，也获得一种别样的时空经验和情感体验。

#### 3.1.5.3 公共艺术对审美本质的独特呈现

公共艺术所造成的环境审美化以及日常生活的审美化，加深了我们对于审美本质的理解。从某种意义上说，它就是对审美本质的当代呈现。

日常生活审美化是人类社会实践的必然产物。人之所以和动物有区别，正是在于人能够按照物种尺度或人的内在尺度进行自由的审美创造，从而摆脱了蒙昧野蛮的原始状态，不断推动人类文明的进程。这是对艺术设计审美特质的深刻洞察。李泽厚将日常生活中的美首先归结为“整个人类生长前进的过程、动力、展开和理解的形式美（各种形式结构、比例、均衡、节奏、秩序等）本质上是人类历史实践所形成的感性中的结构，感性中的理性。”[2] 从这个角度去把握日常生活审美化的意义，就会发现，“这种形式的力量（即人类‘造型’的力量），在高度发达的现代科技工艺中，便当然呈现得最为光辉灿烂、眩人心目了。形式美在这里呈现的是技术美，呈现为庞大的物质生产和产品中的美。”[3]

从审美价值来看，工业产品和环境中的美丝毫不逊色于纯艺术中的美，他们之间并不存在精

---

[1] 陶东风. 日常生活的审美化与文化研究的兴起——兼论文艺的科学反思[J]. 浙江社会科学，2002（1）：166.

[2] 李泽厚. 美学三书[M]. 合肥：安徽文艺出版社，1999：491.

[3] 李泽厚. 美学三书[M]. 合肥：安徽文艺出版社，1999：491-492.

英主义者所标榜的尊卑高下之分。相较于纯粹的精神文化，工业设计、公共艺术所造就的日常生活审美化以和规律性、目的性的统一为最高要求，通过使用因素、经济因素和审美因素的完美结合来提高大众的物质和精神生活水平。比如华根菲尔德设计的著名的镀铬钢管台灯，其简洁实用的风格受大众的一致喜爱，1923年制成的这件工业产品，迄今仍有生产（图3-6）。可见，人们在消费物品的实用性时，也获得了最终的审美体验。当前以艺术设计（包括公共艺术设计）为主体的日常生活审美化所揭示的意义在于：人类的需要具有从生存、发展到自我实现的层次性，但却不是相互割裂、互不关联的。随着社会生产力的发展，人们的物质性满足已经成为现实以后，人们有权利追求更高的精神需求，也不再把现实生活看做仅仅满足实用的生存物质需要，而是可以在物质性的生存活动中融入审美体验、精神需求，重新恢复了物质生产和精神文化的原初性。这时的审美活动就不是一种绝对地和现实拉开距离的“审美静观”，而是完全可以和生活本身融为一体。从这个意义上来说，日常生活审美化标志着我们的社会形体正在进入一个新的时代——大审美经济时代。

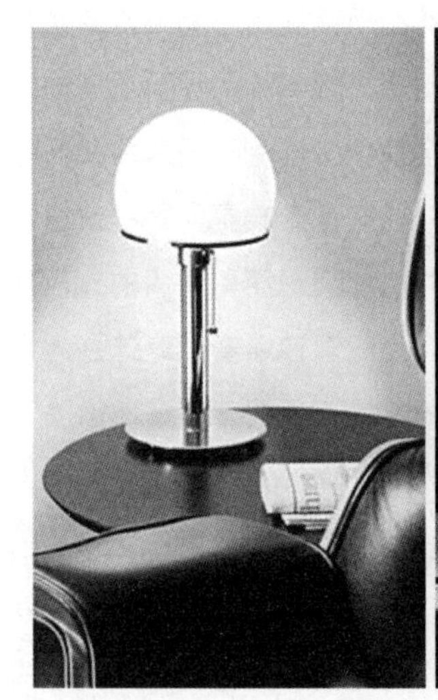
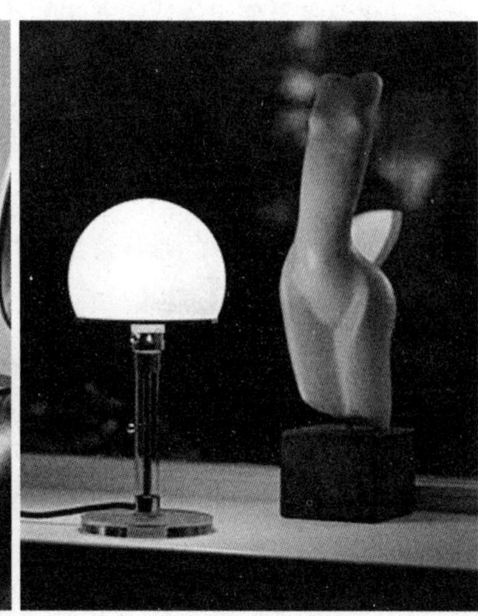

**图3-6　华根菲尔德电镀台灯**

作为日常生活审美化表征之一的公共艺术，以一种前所未有的力量渗透到并影响着我们的社会生活。而公共艺术的出现显然给我们提供了一个观察、体味审美本质的新平台，在对公共艺术的创作、欣赏过程中，其潜移默化地影响社会公众，提升其审美趣味和审美能力的功能也得以凸显。

## 3.2　公共艺术的社会组织功能

公共艺术的社会组织功能是公共艺术活动社会效用的体现，艺术创作的作品能够通过唤起公众的通识观念和共有体验把人们联合起来。这些作品本身作为交际的动因，在某种程度上象征着某种共同体的统一，这一切，使艺术能够作用于社会生活的政治范围，作用于阶级、国家、民族之间的关系领域。这种作用的方法性取决于公共艺术作品的社会含义。因此，公共艺术作品不仅把人们的实际联合起来，组织他们的社会政治行为，而且能够以自己的外貌特征象征整个时代、国家、民族共同体和社会改革，呈现出人类文明的光辉灿烂篇章。

### 3.2.1 公共艺术社会组织功能的主要表现

公共艺术的社会组织功能最突出的表现就是纪念与颂扬。

公共艺术的社会组织功能首先集中表现在大量主题为纪念性与颂扬性的作品中。纪念是对人类自身历史发展中的经历的主观刻画和描述，这种主观性是以客观经历为依据，根据记录所处的社会文化背景及使用的认知方法的不同而体现出不同的价值倾向。在纪念性公共艺术中，通过对历史的记录可以看到不同时期人们对历史性事件的评价。这种纪念性以作者为创作的具体操作，作者本身的审美取向和艺术价值观会使作品产生不同风格和表现手法，在作者背后是他所处的更深层次的社会文化背景和政治因素，这些都影响着作品的价值评判和历史地位。人类自古以来就有着对英雄人物壮举的崇拜情绪，并以此超越简单平庸的日常生活，这在远古的图腾崇拜与大量的神话和英雄传说中得到鲜明体现。而纪念性雕塑则是这种人类社会意识的延续和见证，因此在古代时期，大量的纪念性雕塑反映的主题都是君王和宗教领袖等非同寻常的人物。

随着时间的推移，纪念的神话光环也逐渐退却，留下的是主题本身和那个时期的精神。从接受者的角度而言，人们看到纪念性雕塑的时候所思考和怀念的思绪已不同于直接的历史记录，而是经过艺术家主观处理过的艺术品。纪念性雕塑表达的是纪念发起者的历史价值观的表演。这些作品是按照纪念者的目的和期望建立起来的，通过对历史经验的记录，表达纪念者主观的意识引导，用来强化意识形态的统治，因此表现出特有的政治因素。而这一点通常也为古代的统治者所特别重视和利用。

就纪念性公共艺术的造型语言来说，由于其主题非常明确——歌颂和怀念，所以采用的手法都是以美化和夸张为主，通过歌颂和赞扬，表现出被纪念主体地位的崇高和权力的威严。纪念性也是一种心理效应的应用，主题雕塑给人一个视觉冲击，使观看者觉得和被纪念的人物之间有全面的差距，难以逾越。被纪念人物精神的崇高、力量的强大、功业的显赫等都不是现实的人所能企及的，甚至突破想象力的极限。要达到这种效果，最简单的办法便是使纪念物显得规模宏大，大到超乎想象，使纪念物显得能存在长久，久到超乎想象。这样的形象使人感到压抑，压抑感是崇拜的起点，而崇拜是纪念性必需的效应。这在古今中外大量的纪念性雕塑作品中得到广泛运用。

### 3.2.2 公共艺术的社会组织功能的产生

在历史上，公共艺术作品往往具有鲜明的意识形态特征和价值指向，承担着作为“炸弹”和“重炮”的角色，来轰炸敌对的社会共同体，同时它又作为旗帜，象征人们作为阶级和人民的社会整体的统一。它不仅象征，而且现实地实现这种统一，“唤起阶级”，阻止人们为自己的阶级、国家、民族去成就事业、行动和功勋。而这最为典型地体现在纪念碑艺术中

譬如墨西哥壁画，是特定历史时期艺术与社会紧密结合的典范。20世纪初的20年间，正值墨西哥风云变幻的社会革命时期，1911年，以“强硬手段”统治人民的迪亚斯政权倒台，马德罗成为新的总统，但时间不长，在1931年的政变中，马德罗被推翻，之后，维克托利亚诺·乌埃尔将军又建立起独裁统治，再次引起了国内革命，直至1917年通过新宪法。但是代表地主和民族资产阶级利益的卡兰萨政府试图在掌权后扑灭革命斗争，又激化了新的革命怒潮和农民战争，这场战争以代表革命派的奥布雷贡将军的胜利而宣告结束。

在这样的背景下，以里维拉、奥洛斯哥、西盖罗斯为首的战士及画家们认为，“画家们的目的不仅仅限于启蒙任务。作为数年前手中还拿着枪打过仗的人，他们认为艺术是为革命理想而斗争的强有力的新武器。”[1]于是他们选择了壁画这一被认为是“重炮”的艺术样式，以独特的浪漫、象征及表现主义的艺术手法，深刻地关注和反映了全民族文化历史的沧桑变幻及其文化伦理与价值观念。

在这些宏伟壮阔的壁画艺术中，对20世纪初期人类面对的社会、政治、科学、生命、种族、宗教、文化殖民、民族战争等重大的社会问题，予以强烈地关注，对相关问题予以哲学性的思考和艺术表现。尤其以一种世界性的艺术语言，去表现墨西哥近代文化史中西班牙的征服及殖民历史，以及墨西哥土著印第安文明、本土混合型文化的强大生命力，使得墨西哥壁画运动发展成为始于19世纪中期的欧美浪漫主义文化艺术的重要里程碑。在诸如里维拉创作的《创造》(1922)、《十字路口的人类》(1934)、《墨西哥的历史》(1929—1935)，奥罗兹柯的《美洲的文明》(1932)、《战壕》(1926)，西盖罗斯的《新民主》(1945)的巨幅壁画中，强烈地感受到20世纪上半叶墨西哥壁画艺术在社会公共领域中的文化教育与推动作用。在30余年的壁画艺术实践中，形成了艺术家们先后在剧场、礼拜堂、大学、政府宫、音乐学院、国家美术馆等公共建筑上的壁画创作，使得墨西哥近代艺术作为在美洲首先成功地把欧洲艺术改造为本土化艺术形式的伟大先例，永远载入世界艺术史册。墨西哥壁画运动一方面体现了有社会和文化责任感的知识阶层，力图鼓励广大民众加入到公共社会集体中来，并使之成为关心和推动社会进步与发展的主体的愿望。客观上它已经创造了新时期墨西哥史无前例的崭新的“社会文化”景象；另一方面，墨西哥壁画运动也达到了把艺术奉献给广大民众，让艺术服务于民众，并充分发挥艺术的社会作用的目的。

当代公共艺术的社会组织功能突破了以华丽、高贵、神话、宏达的语言来表现固有的模式，在主题上更加关注整体民主性和广泛的影响性，几年的核心也有英雄的个人主义转向了更广泛的群体，纪念的事件也突出了群体行为的客观性，出现了以记录性、真实性、记忆性为构成因素的表现。

---

[1] 谢苗诺夫.墨西哥画家西盖罗斯[M].张荣生，刘善泽译.北京：人民美术出版社，1987：52.

### 3.2.3 公共艺术社会组织功能的表现

公共艺术的社会组织功能为整个公共艺术活动所固有。但是，在公共艺术活动的各种成分中、在公共艺术创作过程中、在公共艺术作品中、在公共艺术知觉中，它得到不同的表现。

在公共艺术活动的第一阶段，社会思想和社会观念在艺术家的世界中、在他的审美理想中，在意图和构思中得到体现。这里所说的是公共艺术活动在对艺术家本人的关系上的社会组织功能，艺术家本人在创作过程中加入到复杂的社会关系系统中。在第二阶段，在业已完成的公共艺术作品中，艺术家的世界观，在他的理想和构思得到实现，但并非总是充分地得到实现。公共艺术作品的社会方面同其他所有方面内在地相互联系。而这种作品的社会组织功能表现在同其他所有功能意义的统一中，诸如认识功能、评价功能、享乐功能、交际功能等。而只有公共艺术为形形色色的人们所熟知的时候，这种作用本身才能够成为现实。

前面分析过公共艺术公共性的一个重要方面即体现在其创作提案、审议、修改、制作及设立等实施过程，是由社会（或由作品所在社区的）公众及其代表共同参与和民主决策的。这个过程鲜明地展现了公共艺术的社会组织功能是贯穿于公共艺术活动的始终的。华盛顿越战纪念碑的选址、设计、建造过程正是公共艺术的社会组织功能的体现。纪念碑基地的选定，就是有美国各州选出的参议员们精心挑选的，体现了建碑的民意基础。建碑的经费也是以民间乐捐的方式进行，证明美国人是需要一项实体的建设，作为全民心灵的抚慰，作为万众共同的依归。纪念碑的设计是由全国年满18周岁的公民选出，设计第一名的是一位年仅20岁还在耶鲁大学建筑系就读的华裔女学生林璎的作品。虽说一开始有反对的声音，说这只是一个年轻学生的作品，但是大多数人还是支持。林璎的这个设计，在地面上切割出“V”字形，磨光的两道黑色花岗岩石墙，一道墙向东指向华盛顿纪念碑，另一道墙向西指向林肯纪念堂，墙面上勾刻着58123个姓名，以密密麻麻的烈士姓名构成纪念。这座碑很谦和地融合在华府大草坪，一反传统纪念碑高耸巨大的形式，然而它不是静态的呈现，从碑的一端走向另一端，就像一次心灵的旅程。而对着乌黑似镜的碑体，周围的环境全映照其上，观者面对一个深邃无垠的世界，耽视着一个世人不可能进入的冥界。林璎所创造的纪念碑美学，独具一格，成为日后美国各地地方越战纪念的楷模。

华盛顿越战纪念碑的设计案例，十分典型地反映了公共艺术的社会组织功能不仅体现在最后的作品上，而且公共艺术的创作过程本身即反映了其凝聚公众心理，加强设计者、策划者、建造者和接受者之间的社会观念的沟通、交流，树立共同的社会理想。社会组织功能不仅在于创作者简单地迎合大众的审美趣味和欣赏标准，更能以艺术家独特的艺术敏感性和超前的造型语言引导大众提升审美能力和水平，塑造社会整体性的意识形态和认知模式，推动了时代审美观念的嬗变和政治民主化进程，凝聚了社会共同体的价值理想。

### 3.2.4 公共艺术社会组织功能的个性社会化

公共艺术的社会组织功能虽然由公共艺术本身的社会方面来决定，但是这种社会组织功能不是无缘无故实现的，而是有着自身的发生路径——个性的社会化。个性的社会化是公共艺术社会组织公共的社会心理学途径，它使得公共艺术的审美功能、享乐功能、净化功能转向社会方面，在与教育、评价、认识等其他功能意义的统一中，发挥公共艺术的社会组织功能的效能。

从社会学理论出发，人生来就不具备任何社会性质，但是，从人开始生活，他就会被慢慢吸收到人类社会中来。在成熟、发展中，他逐渐加入人的各种共同体，从家庭、同龄人的集体，一直到社会阶级、民族、人民。个体的那些保障他加入某种社会整体的性质的形成过程，被称作社会化。在社会化过程中，个体掌握人的某种共同体所接受的知识、规范、价值，但是个体在接受、吸收它们时不是被动的，而是通过自己的个性体、通过自己的生活经验折射它们。于是它就成为个性，是不可重复的社会关系的集合体。社会化也就是个体外部的社会关系向他的内部精神世界的转移。

比如说，法律和道德是个性社会化的重要手段，但艺术无疑占据独特的地位，艺术与其他社会设制和形式一起，以它的形形色色的样式把人与社会利益和社会需要联系起来。

与道德和法律不同，艺术作为审美关系来体现，表现出审美体验的无私性，而一旦从社会的观点上来考察的时候，情形就改变了：审美体验的无私性在于个人利益和社会利益的完全交融。这时候，个人即社会，社会即个人。在这种无我的审美体验中，存在物成为我的，进入我个人的生活经验中，直接触及我。比如，现实中的人或者艺术虚构的人，他们的命运像我本人的命运一样激励着我。在审美体验中，一个人过着别人的生活，像过着自己本身的生活一样，而自己本身的生活获得超越个体的意义。因此，审美在极其广泛的含义上具有社会意义。

审美关系的无私性包含着人的审美社会化和艺术社会化。审美体验的无私性是社会精神效用。人往往通过美加入到形形色色的社会关系中，这些关系体现在审美价值和艺术价值中。因此，把人对世界的审美关系客观化和最大限度地凝聚起来的艺术，是个性社会化的不可替代的因素。同时，通过掌握审美价值和艺术价值而参与到形形色色的社会关系中来的时候，个性本身的主权没有受到任何制约，而相反，这种主权得到发展并且在精神上丰富起来，特别重要的是，这种参与是完全自由的。

不过，艺术和人的社会化的其他形式之间的区别，不仅在于实现社会化的方式（最为无私、自由的方式），而且在于个性利益和社会利益相互联系的形式，以及人的意识、行为和活动的外部调节和内部调节的相互关系。其实，“社会”的概念包括了不同水准的人的共同体，从“小集团”直至全人类。艺术虽然在阶级社会里具有阶级性，却能够使个性加入更为广阔的人的共同体，吸收全人类的价值。艺术的个性社会化功能着眼于全人类的价值。

就公共艺术这种类型而言，其社会组织功能正是在个性的社会化过程中得以体现的。正如耶鲁大学哲学系教授卡斯滕·哈里斯在分析纪念碑等纪念性公共艺术时所指出，这类艺术具有特殊的精神功能，“它把我们从日常的平凡中召唤出来，使我们回想起那种支配我们作为社会成为的生活价值观；它召唤我们向往一个更好的、有点更接近于理想的生活。”[1]

通过审美体验这种自由的、个性化的活动，公众不仅领悟到公共艺术的审美价值，同时也加速其对某种共同体所接受的知识、规范、价值的认同和归依，从而实现了公共艺术的政治价值和伦理价值。而这些价值在公共艺术中作品中是水乳交融地结合在一起的。公共艺术的社会组织功能正包含在这种个性社会化的心理构建过程中。

## 3.3 公共艺术的社会交际功能

公共艺术的社会交际功能从“社会艺术—人—社会”的关系中产生，在审美体验中，个体心理的知觉、情感、想象等审美能力得以构建，并以此作为出发点，促进个体间的沟通、交流、互动、体验……直至社会观念的形成。这一过程以个体的审美体验为起点，最终由个性到社会，完成个性社会化的建构，使得公共艺术在表达社会情绪、社会思想、社会问题、社会需求和社会理想方面发挥不可替代的作用。

公共艺术的社会组织功能和社交功能有所区别，前者侧重于社会观念、意识和理想的整体构建，意在个性社会价值观的塑造；后者则是指其对社会成员间的交往、交际活动的推动及公共艺术作品本身所蕴含的交际内容。但是，这两者又有着必然的联系：在交往中，表现、形成和肯定人们之间的共同性。一个个性在与另一个性交往时，参加到某种社会的共同体中——小的集团或者大的集体，社会阶级、民族，直至人类。因此，公共艺术的社会交际功能必然与社会组织功能相关联。公共艺术的社会交际功能体现在两方面：一是开辟了美好的户外公共空间，为扩展人际交往提供了便利条件，二是公共艺术创作过程的开放性和作品本身以其独特的符号学特征对创作者、设计者、管理者和接受者之间的交际提供了可能。

### 3.3.1 良好的公共空间艺术为社会交际提供契机

根据西方行为心理学的研究成果，户外空间质量的好坏，对市民户外活动时间和深度有极大影响。公共空间的开辟为市民的社会活动提供了便利。城市公共空间或住宅区中见面的机会和日常活动，为居民间的相互交流创造了条件，使人能置身于众生之中，耳闻目睹人间万象，体验到他人在各种场合下的表现。丹麦建筑学者扬·盖尔在《交往与空间》中将人们的各种接触分类见

---

[1] 卡斯滕·哈里斯. 建筑的伦理功能[M]. 申嘉，陈朝晖译. 北京：华夏出版社，2001：284.

图3-7：

在人类的各种接触中，户外生活主要是位于上述强度序列表下部的低强度接触。但是这种接触既是单独的一类接触形式，也是其他更为复杂交往的前提。在此基础上，人们进一步发展了其他类型的接触，保持接触、交流信心及获得启发等。

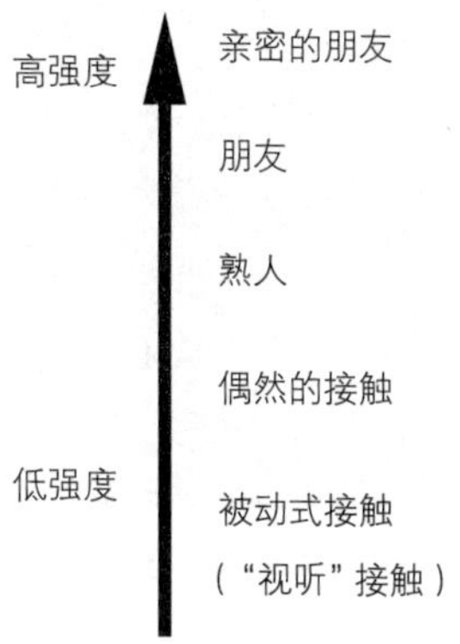

公共空间中缺乏各种低强度接触形式的情形，从反面证明了它们的重要性。如果没有户外互动，最低程度的接触就不会出现，介于个人活动与群体活动之间的各种形式也会销声匿迹，孤独与交际之间的界限就会变得更加明确。在这种情况下，人们要么就老死不相往来，要么只是在不得已时才有所接触，而人与人之间的交往也就变得不可能。

高强度　亲密的朋友
朋友
熟人
偶然的接触
低强度　被动式接触（"视听"接触）

**图3-7　人们接触分类图**[1]

显然，户外活动为人们以一种轻松自然的方式相互交流创造了机会。它的形式丰富多彩，如随意地散步，归家途中逛逛大街，或者在门前宜人的长椅上与人同坐等，这种户外活动还包括必不可少的购物等。人作为一种群体性的高级动物，置身于人群之中，耳闻目睹众人的万千仪态，其所获的新鲜感受与激情，确实是一种积极有益的体验。这种轻松惬意的户外活动，使得我们大可不必之和某一特定的人打交道（如学习、工作中），而导致日复一日的厌倦和疲劳，它只是要投入到周围人群之中，虽然可能漫无目的，但却感受到生活的乐趣与人接触时的快乐。在这点上，它与通过电视、录像或电影等影像形式完全被动地观察人们的活动相反，在公共空间中的每一个人都身临其境地以适当的方式参与其中，其参与感非常明确。

户外活动对人们的社交有着十分重要的作用，而户外活动的时间长短又是和户外空间质量成正比的。因此，户外空间质量的改善对日常社会性活动有着非常重要的意义。在不少实例中，物质条件的改善导致了步行者数量成倍增加，户外逗留的时间相应延长，户外活动的内容也更加丰富。另外，各种形式的人的活动应该是最重要的兴趣中心。[2]人的活动以及有机会亲身体验人间万象是一个地区最诱人之处。例如坐落在巴黎拉丁区北侧、塞纳河右岸博堡大街的乔治·蓬皮杜国家艺术文化中心（Centre National d'art et de Culture Georges Pompidou），它的设计者们在设计此建筑的时候，特地留了近一半的基地面积，作为主建筑前的广场。这个广场，吸引着无数人在其间休憩，交谈、街头表演等，人们能尽情地享用这片土地带给他们的乐趣（图3-8）。公共空间的设置，增强了户外空间的魅力，吸引大批民众的流连忘返，延长了他们逗留的户外时间，为进一步的社交提供了契机。

---

[1] 扬·盖尔. 交往与空间（第四版）[M]. 何人可译. 北京：中国建筑工业出版社，2001：19.

[2] 扬·盖尔. 交往与空间（第四版）[M]，何人可译. 北京：中国建筑工业出版社，2002：20-21.

图3-8 法国蓬皮杜国家艺术文化中心

## 3.3.2 公共艺术增进市民间的了解与沟通

公共艺术在吸引市民参与各种户外活动，在给个体带来丰富多彩的体验同时，也使得人际交往更为频繁密切。

扬·盖尔指出，户外空间中的低强度接触也是进一步发展其他交往形式的起点。其他深入的人际交往活动是在此基础上顺其自然地发展起来的。虽然其他是短暂的，也许就只是三言两语的对话，与邻座的简短交谈，但以类似简单的层次为起点，接触就可以随参与者的意愿发展到别的层次。而相聚在同一空间是这些接触的必要前提。在日常往来中与邻居和同事打交道的可能性是很有价值的，它可以使人们有机会在一种轻松自然的气氛中建立并保持友谊。

此外，在城市或居住区内有机会观察和倾听他人，也意味着获得有价值的信息，包括周围社会环境的一般信息与自己工作和生活有关的人的特殊信息。尽管大众传播媒介也可以使我们了解更重要、更敏感的世界大事，然而通过与人交往，我们获得了更平凡、但同样重要的细节。我们知道了别人的工作情况、言行举止、服饰打扮，了解与我们工作、生活在一起的人。有了这些信息，我们就与周围世界建立起了一种密切的关系，我们在街上经常遇见的人就会变成我们的"熟人"。而通过观察、倾听别人也能获得灵感，启发人生。相对于乡村社会的闭塞，对于生活在城市中的许多人来说，它的一个重要的吸引力在于，我们能够在城市的日常生活中获取许多有关工作、生活以及环境的信息，而城市公共空间是获得这些信息的重要场所。这也正是那些新兴的市民广场、街心花园、购物中心吸引人们逗留的一个原因所在。

公共艺术对公共空间的介入，还能够满足后工业时代人们的特殊需求。伴随着工业化的进程和各种城市功能的划分，不少富于生气的城市和居住区变得死气沉沉。这就导致了另一种重要的需求——对激情的需求。感受人生为这种激情提供了丰富多彩而富有吸引力的机遇。因此，人们的互相交往和丰富的情感交流构成了富有生气的现代生活。现代生活中，没有"人"这一主体在公共空间的活动，就算城市建筑本身的色彩再多，公共艺术作品再丰富，也无济于事。相反，通过对城市及住宅区进行明智的规划设计，开辟公共空间，设置公共艺术作品，为户外生活创造适宜的条件，就有可能塑造出更加丰富多彩的城市生活形态，这恰恰就是世界各国重视公共艺术，甚至制定出相关政策，大力投资公共艺术的原因所在。

公共艺术的设计，是为人而存在的设计，是为人的户外活动创造最佳环境的设计。只要有人的存在，无论是建筑物旁，还是居住小区，在城市中心，在娱乐场所，人及其活动总是吸引着另一些人——那些聚集在他们周围的人。聚集的人群总会找到最靠近的位置参与整个环境或事件。那么，新的活动便在进行中的时空附近萌发了。比如广场舞，有人跳，也会有人看，也许会有人谈论……诸如此类的人们的行为，构成了城市生活必不可少的内容，也是我们对一个城市的温馨记忆。它既是喧闹的市井景象，又是社会交际功能的生动呈现。

### 3.3.3　公共艺术创作过程中的互动交往

公共艺术活动本身的交际功能表现为两个方面：一是公共艺术作品在创作过程中的交际；二是在同时或者不同时感受同一部艺术作品的基础上接受者之间所产生的交际。艺术具有一种惊人的能力，就是引起人们共同的体验而使他们相接近。

在创作过程中的交际。公共艺术强调公共性，它的策划和实施不是单一的个人行为，而是与社会、公众、公共空间在相互作用中来共同实现。它可以作为一种社会事件和活动，而不同于在工作室内进行的个体创作。我们用1998年至2000年深圳市实施的大型公共艺术项目《深圳人的一天》为例，来说明公共艺术创作过程中各参与方的社交互动。

《深圳人的一天》这项公共艺术活动选择在一个平凡的日子1999年11月29日，由雕塑家、设计师、新闻记者组成的几个寻访小组，遵循陌生化和随机化的原则，在深圳街头随意寻访18名不同社会阶层的人，征得他们同意后，雕塑家按照见到他们时的真实动作和着装，采用翻制的办法，完全真实地将他们铸造成等大青铜人像，并铭示他们的真实姓名、年龄、籍贯、何时来深圳、现在做什么等内容，竖立在园岭街心花园。18个铜像的背景是4块黑色的镜面花岗岩浮雕墙，上面刻有《数字的深圳》等一系列关于1999年11月29日这天深圳城市生活的各种数据，包括国内外要闻、股市行情、外汇兑换价格、农副产品价格、天气预报、电视节目表等。围绕雕塑和浮雕墙的，是一个占地6000多平方米的园林，有坐凳，让市民休息的凉亭，还有蜿蜒曲折的由青石板铺砌的小径……这个以雕塑为主的街心花园自落成以后，前去参观的市民络绎不绝，深圳旅游部门也将其作为“深圳一日游”的景点之一（图3-9）。从中，

图3-9　《深圳人的一天》之铜像雕塑

我们可以看到，这个作品的创作过程是规划者、设计者和市民互动的结果。园岭街心花园的规划公司提出“让社区居民告诉我们做什么?”的响亮口号，与深圳雕塑园合作时就达成了这样的共识：对于城市公共艺术而言，规划师和艺术家首先应该是一个社会学工作者，他们首先要做的是，了解社会，了解老百姓的需要，而不是他们去引导老百姓，而是要让老百姓真正成为城市的主人。体现“为人们服务”的宗旨。这件作品完成以后，也贯彻最初的想法，他们从群众之间找到关于这个公共艺术空间改造的意见。设计师和雕塑家们完成了以18个普通市民塑像为主体的公共艺术方案的设计，然后在深圳市城市规划展厅与其他13个公共空间的设计方案一起向市民公示。由于有社会调查和征询市民意见的设计前期基础，所以在面向市民的公开展示过程中，园岭的这个方案在市民中的反响最为强烈，获得了市民投票的第一名。项目完成后，规划师和雕塑家于2006年6月16日至17日又针对社区居民和参观者进行了一次社会调查问卷工作，对于项目的社会效果和公众反应进行了解。对于《深圳人的一天》总体环境与空间评价认为“非常好”和“好”的，占被调查者的90%；对于18个铜像认为好的占88%，认为不好的占4%。

传统的艺术创作的方法论中，把发现生活本质，创造艺术价值的重任交给了艺术家。而《深圳人的一天》的策划者反其道而行之，“把雕塑家的作用降到零”。这里，雕塑家被告之，千万不要试图表现什么，或者体现什么，不要手法、风格、个性，而是要把建构这件公共艺术作品的重心转移到生活本身。该作品在国内外引起了广泛地关注，它同时也说明公共艺术的社会交际功能在其创作伊始就已经展开了。

### 3.3.4 公共艺术作品自身表达

公共艺术的社会交际功能还通过对公共艺术作品的知觉来展开。公共艺术本身就能表达上和下、前和后、大和小、远和近、直和斜、左和右、黑和白、明和暗、重和轻等，这些方位、体量、色彩、重量关系在公共艺术造型中都具有自己特殊的含义。而这些艺术形象中结构的各种语义汇集在一起，成为一个新的整体，那就表达了一种新的语义含义，这种整体就是特殊的艺术符号。公共艺术的交际功能之所以能存在，只是因为艺术作品同时既是关于世界和人的讯息，又是把这种信息“符号化”。也就是说，艺术作品作为一种符号，包含着认识信息，作品表现和暗示情感评价关系，产生享受，使人娱乐，并且以创造力感染人。这既说明了艺术交际内容的特征，也表明艺术交际本身是实现其他所有功能必不可少的条件。

一般来说，人际交往只存在于不同的主体间，那艺术作品本身是如何具有交际功能的呢？艺术作品是某种客体、物、对象，是一种艺术价值。它不仅是物也是精神化的物。所以，对他的艺术掌握就是人的交往、对话。这种跟艺术作品之间的交往作为一种特殊的对话，其参与者在对话过程中是完全自由的、积极主动的。艺术作为交往的形象和手段，发展对于人类社会极其重要的交往文化。例如位于美国纽约的《自由女神像》，是法国送给美国独立一百年的礼物。设计者巴尔托蒂用了将近十年的时间，借鉴了古希腊古典雕像的手法，塑造的自由女神像头戴花冠，身穿长裙，手握书板、高擎火炬，身旁散落着打破的铁镣，神态庄严、宁静、温和而坚定。在这件代表着美国国家精神的公共艺术中，不仅体现和传达雕塑家的情感、思想、观念和意图，也呈现出那个时代的精神观念和审美理想，而不同的时代、地区的人们也在这件作品身上读出不同的含义，进一步形象地感受和理解着美国民众对自由、民主思想的不懈追求和坚定信念。

交际功能从很多方面表现出来，我们可以用这样的逻辑来思考和理解：艺术家们同社会大众的对话、设计者同自身的对话（自我交际）、艺术作品同大众的对话、大众之间的对话。由此，艺术的交际功能就成为了社会交际功能。

## 3.4 公共艺术的城市文化塑造的文化语义功能

有学者认为，从现代意义上看，形象是人们在一定条件下，通过听觉、视觉、触觉等感觉器官，对他人或事物有其内在特点决定的外在表现的总体评价和印象。[1]由此，可以将城市形象界定为人们通过听觉、视觉、触觉等感觉器官，对城市由其内在特点决定的外在表现的总体评价和印象。每个人的心目中都有一座想象中的城市形象，它往往以街道、广场、建筑物等形象在视觉心理上综合而成。其不仅是物质的，更被寄以情态，唤起人们对一座城市的丰富联想和情感记忆。

应该说，城市形象的塑造和展现具有多种多样的方式和途径，但公共艺术无疑是彰显城市形象的一个亮点。首先这样由公共艺术在“公共艺术——城市”子系统中的特殊关系所决定。城市是孕育公共艺术的母体，公共艺术作为一种当代文化艺术的存在方式，是与城市形态和当代城市文化密不可分的。可以这样说，公共艺术以其短短的发展过程，见证了近一个世纪以来全球范围内的现代化、城市化进程——城市的物质和文化形态快速发展，城市中产阶级的大量增长。因此，公共艺术的存在与功能构成了当代智能城市的一个显在的部分，它在特定的城市形态与环境中，必然承担着自身的文化使命。它的兴衰总是与其所在的城市社会发展的步履息息相关。其次，公共艺术作为跟现代城市关系特别密切的一种艺术形态，具有一切艺术所共有的形象性和可感性，使其在塑造城市形象过程具有先天的优势。公共艺术以其新颖独特的形式语言、契合空间特质的场所精神和彰显深沉厚重的人文历史文化内涵塑造一个城市形象过程中发挥着独特的功用。

### 3.4.1 公共艺术与城市的“可意象性”

“可意象性”是美国城市设计大师凯文·林奇提出的概念，指“有形物体中蕴含的，对于任

[1] 秦启文、周永康. 形象学导论[M]. 北京：社会科学文献出版社，2004：15.

何观察者都很有可能唤起强烈意象的特性。”比如形状、颜色和布局都有助于创造个性生动、结构鲜明、高度实用的环境意象，林奇又将其称为“可读性”或是更高意义上的“可见性”，即物体不只是被看见，而且是清晰、强烈地被感知。[1]城市形象的塑造首先要求城市具有“可意象性”，要求其物质特性能对受众的心理产生作用，留下持久难忘的印象。这既是城市的形态学特征，也是行为心理学提出的特别要求。

公共艺术增强城市的“可意象性”，首先表现为可以作为道路、区域、边界、节点、标志物等城市意象元素的重要组成部分，来实现自己的功能。

### 3.4.1.1 公共艺术凸显区域的典型特征

“区域是城市内中等以上的分区，观察者从心理上有‘进入’其中的感觉。因为具有某些共同的能够被识别的特征。这些特征通常从内部可以确定，从外部也能看到并可以用来作为参照。”[2]具体来说，区域包括市民社区、城市公园、形成规模的街区等空间范围较大的地域。区域内部还可以进行组织，进一步划分为不同的分区，共同组成一个整体；也可能以节点为中心呈辐射状结构，存在渐变或其他的暗示，或通过内部的路网结构形态进行组织。拿武汉市来说，我们常说武汉三镇，就是用武汉丰富的水系资源来划分的：长江以南是武昌，汉口和汉阳在江北，长江以北以汉江为界，汉江以东是汉口，汉江以西是汉阳（图3-10）。汉口是商业区，人流攒动，武汉最老的商业形成就源于这里；武昌高校集中，重要的知识型产业都集中在这里；汉阳工业发展集中的地方，最著名的就是武钢。不同的地域有着各自的特色，武汉这座城市还在不断地发展，在城市规划时都把新区域的特征建设放在首位。

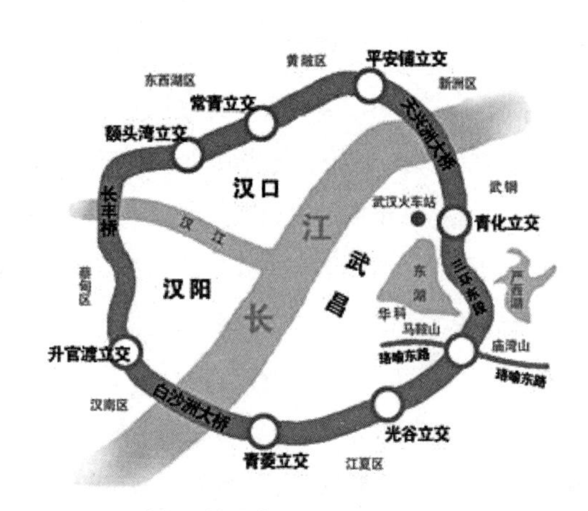

图3-10 武汉三镇示意图

### 3.4.1.2 作为节点的公共艺术

节点是一个相对宽泛的概念，既可能是一个广场，也可能是一个城市的中心区，对于一个国家来说，一个城市也可以被看作是一个节点。节点是城市结构与功能的“转换处”。

---

[1] [美]凯文·林奇. 城市意象[M]，方益萍，何晓军译. 北京：华夏出版社，2001：7。

[2] 凯文·林奇. 城市意象[M]，方益萍，何晓军译. 北京：华夏出版社，2001：55。

每个城市内的区域和城市街道往往都会有代表性节点。例如狮城新加坡。“新加坡（Singapura）”是梵语里“狮城”的意思，是因为早期的居民喜欢用梵语作为地名，而狮子具有勇猛、雄健的特征，故以此作为地名。一谈到新加坡，救护想到其城市的公共艺术的代表性作品——狮头鱼身像（图3-11）；一谈到北京，我们都会想到天安门广场。甚至有些说去北京没到过天安门就等于没去过一样……可见，节点的城市意象功能是非常重要的。

图3-11　新加坡狮头鱼身像

### 3.4.1.3　具有标志物属性的公共艺术

“标志物是另一类型的点状参照物，观察者只是位于其外部，而并非进入其中。”[1]一个城市的重要标志物之所以能够成为共识的城市标志，其重要特点是标志与背景呼应，构成一种关系：要么占据重要位置，要么更容易被识别，被当作重要的事物。

台北的101大厦就是台北的标志性景观（图3-12）。它采用中国宝塔的设计概念，表达层层

图3-12　台北101大厦

[1] 凯文·林奇. 城市意象[M]. 方益萍，何晓军译. 北京：华夏出版社，2001.

接续的吉祥，代表积极向上生生不息的坚韧。为什么建造101层？是因为要百尺竿头更进一步。这样的标志物除了具有明显的造型特色外，还有强烈地表意功能。可以感觉到这一建筑本身构成城市标志，是在于周围环境与建筑的对话，建筑与人的对话，这也许正是城市标志的真正含义。

城市的标志物除了主观的意向原因，还往往跟城市、民族、国家的历史文化和重大事件相联系。与历史上重大事件相联系的标志，能够与观察者产生共鸣，这既是知识的对话，也是文化的对话，同时重大历史事件本身就是社会广为传播的知识。因此，城市的重要标志与人们的认知能够产生互动，从而城市重要标志地又多是人们的历史、文化和政治活动场地。

作为标志物的公共艺术设计与建造，往往都是积聚了当时最优秀的创造者，特别是为了能够达到标志性功能的目的，所有的设计者与建造者都想方设法在标志造型、结构、艺术表现上创造特殊意义，以求更具有标志意义的代表性和可识别性，让人一看就能或认识、或理解、或产生刺激等。同时，当一个城市的重要标志与国家、民族、历史和文化相联系的时候，标志作为文化符号，为创作者提供了鲜活的思想源泉，创意的源泉显得十分丰富。城市的标志物作为城市的重要资源，其地点选择具有整体社会优势，城市最重要的地段和节点，往往能够成为城市主要标志的选择地，城市标志具有“区位”和“地理”优势。正因为这样，城市标志性建筑帮助人们在城市中定向、定位，一看到这些标志物就大体意识到自己目前处于城市中的什么位置。其不仅帮助人们识别环境，对丰富城市艺术、城市景观也有重要作用。

一个可以成为城市的地标性建筑或大型雕塑的意象与城市的文化品质的定位相一致，可以起到画龙点睛、强化城市意象的公用。如法国的埃菲尔铁塔成为时尚之都巴黎的标志，延安的宝塔成为革命圣地的象征。这种地标性建筑将城市的优势凸现出来，成为这个城市的无形资产，从而为该城市的发展带来了新的活力。

#### 3.4.1.4 公共艺术作为连接意象元素的纽带功能

在现实中，公共艺术往往并不单独地扮演上述城市意象角色，而是更多地担负起连接这些城市意象元素的纽带功能。不同元素之间可能会互相强化、互相呼应，从而提高各自影响力。在这样一个整体中，道路展现并造就了区域，同时连接了不同的节点，节点连接并划分了不同的道路，边界围合了区域，标志物指示了区域的核心。正是这些意象单元的整体编组，各元素之间可能会相互强化，互相呼应，从而提高各自的影响力；各元素之间有规律地互相重叠穿插，相互交织，才形成了浓郁而生动的意象。

### 3.4.2 公共艺术是城市精神文化气质的象征符号

公共艺术对城市道路、边界、区域、节点和标志物等意象元素的强化和连接，促进了城市意象整体的建构，使存活于主体心理中的个别意象凝练、提升为城市公众意象，即城市大多数居民心中所拥有的共同印象。这是在单个物质实体、一个共同的文化背景以及一种基本生理特征三者的相互作用过程中逐渐达成一致的领域。而城市公众意象的形成，也使个体心理城市意象变得凝聚、清晰、稳定而统一。

关于公共艺术的象征功能，我们在前面就已经分析过其社会组织和交际的语义学功能，从符号学角度看，一座城市的公共艺术设计，就是一种文化符号，以其特有的形式语言，诉说着城市的多重文化意涵，也可以是对历史符号的传承，也可以进行现代语义学的创新。公共艺术所荷载的一座城市DNA的文化象征功能更有广阔发挥的空间。公共艺术已经深度介入到当代城市市政建设与社区环境改造的整体规划之中。

这种独特的文脉和精神气质，其外在表现形式除了一般的公共建筑和纯功能性的公共设施——机场，码头、广场、核心建筑群等之外，便是那些具有审美价值意义的与城市整体景观相整合的公共艺术作品。而且后者更为直接、鲜明地展示了城市公共领域中不同时期所呈现的公共精神、公众意志和公众情怀。因此，城市中的公共艺术常被誉为“城市的精灵”、“城市的眼睛”、“城市的标志”等。世界各国数不胜数的公共艺术及整体化的艺术景观，集中而突出地显示出一座城市乃至一个国家和民族的历史风貌和文化精神。

在当代，公共艺术已经成为社会中包括人与人、社区与社区、城市与城市，乃至民族、国家之间进行旨在精神情感及思想文化之交流的重要方式。这种精神文化和审美文化的交流本质，并非如纯粹的商业或技术活动那样为了竞赛和经济利益，而是作为伴随着城市生活的真切的文化体验而呈现的——市民社会的创造性才智、社群的情感及城市气质与个性的自然流露。公共艺术的存在，大到公共建筑艺术、城市公共环境与景观艺术的营造，小到对公共场所的每件设施和一草一木的艺术意匠，无不反映着一座城市及其居民的生活历史与文化态度，缔造着一座城市的形象和气质。

#### 3.4.2.1 公共艺术凝聚城市居民的集体记忆

一座城市的兴起和沧桑演变，无不铭记着它的居民们在悠长的岁月中，在共同的经验与交流中所达成共识的那些思想、习俗、情感，以及动人的时间和情节。这些可以铸就一座城市的“活的历史”文脉和精神气质，并且通过一代一代市民长远地影响着一座城市的“心态”。城市的这种文脉、气质和心态，常常可以被一个初来乍到的人清晰地感觉到，成为他对一座城市的识别和情感记忆的重要部分。

公共艺术之所以能够唤起人们对一座城市的形象记忆，首先跟其生动醒目的视觉形态有关。在城市公共环境中，伴随着公共艺术所传达的美和价值被发现，一方面能够将公共环境多元化的功能用更有效的信息系统表达出来，另一方面也会给人们带来快乐和兴奋感觉。公共艺术的可视易读的形状、色彩及其组合，能够具体而准确地向市民输送各种情感信息和理性信息。公共艺术把公众间的顺畅沟通作为至高无上的目标，真正彻底地实现了与公众的亲近并为公众服务，使人们得以自然地亲历审美愉悦，享用文化财富。它向人们指示公共环境的地理方位和功能类型，乃至成为当地的视觉符号、形象代表。公共艺术在公共环境中能够实施辨认、记忆、提醒、判断、引导的作用，无疑是城市的文化品位得到提升的依据之一。现代公共环境艺术无以计数的规模参与了各地的公共环境建设，并在不同的城市环境中分别实施了美化公共环境、传达情感理念、提升文化品位、指引环境空间、促进旅游娱乐等功能。巴黎的凯旋门，纽约的自由女神像，北京的华表……这些出现在城市的公共艺术，铭刻、纪念、叙述着城市、社区的故事，以及历史文脉和市民风情与社会理想。它们作为一座城市特有的气质和市民大众共同生息、奋斗、交流之历程的伴生物和象征物，构成了城市公共空间中闪耀着人本主义光亮的温馨回忆。这些公共艺术以艺术化的手法，将市民的公共意识、民众的能动性、情感和创造性标立于世。它们在营造城市视觉形象和艺术氛围的同时，也把城市的精彩、生动的社会活动与市民的城市生活经验和情感予以交融，使得城市优秀文化传统和公共精神潜移默化地成为城市居民的自觉意识。

#### 3.4.2.2 公共艺术彰显场所精神

人之所以对场所感兴趣，其根源在于存在（Existence），它是由于人们抓住了在环境中生活的关系，要为世界创造有意义的事件或有秩序的社会这一要求而产生的。人面对场所的具体定位，不管是认识性的还是情绪性的，一切情况下是以建立人与环境之间律动的均衡为目标。而关于场所精神的完整概念，则由挪威建筑家克里斯汀蒂安·诺伯格·舒尔茨（Christian Norberg-Schulz）在1980年写的《场所精神》书中提出。他在现象学的研究中发展创立了现代建筑现象学，场所及其精神成为建筑现象学的核心概念和中心议题。简单地说，场所就是人们生活与存在的特定空间。这里的场所与物理意义上的空间和自然环境有本质区别，它是一种深藏在记忆和情感中的“家园”，并产生了归属感。因此，场所不仅具有建筑、公共艺术等实体形式，而且还具有精神上的意义。场所本身应该就是一件艺术品，它以本真的方式反映了人们的生活状况，揭示了人们存在的真理。

我们对场所的意识就是基于体验。体验是由场所文化决定的，而场所也因新的体验而有所修正。场所具有各种不同的性质：宗教性、民族性、地域性等。这样的场所性质非常具有强制力，它最终确定了许多民族环境形象的基本特征，一个民族体验也因此形成了它的民族情感。由此，我们可以知道场所在景观中起的重大作用，可以被感知、可以是醒目的线索、可以被记忆、可以是我们内在和谐与连续的感觉，进而对引起美的体验起作用。

按照社会学的解释，社区是一个地域群体，它以一定的地理区域为基础，这个区域内的居民有着共同的意识和利益，有着较为密切的社会交往。生态学的观点说明了人类社区形成的必然性：“社区发端于人类本性的一些特征和人类自身的基本需求。人类是群生群居的动物：他无法单独生存，相对来看，人是弱小的，他不仅需要一定的环境保护他、供他居住，还需要有同类伙伴的协同合作。”[1]

一定的社区必然有着其特殊的自然、人文环境，它们构成社区内人们从事各种活动的背景。社区、地域、环境构成了公共艺术的场所。因为团体生活主要在室外道路、场所上展开，没有了开放空间，人们会觉得缺少社区感。这也是为什么社区需要公共空间的原因之一。但是，当代市民在城市化过程中，逐渐变成日趋细分的市场和职业所被分割的分散的、非自觉地、疏离的大众社会的一分子。传统的种族、家族、亲情关系和原有的秩序、价值观念被不断颠覆，现代社会基层新的组织及价值体系并没有健全起来，从而使社区居民之间人际关系淡漠，凝聚力弱化，对于居住和生活环境的变化丧失主动反映，对社区的概念和内涵极为模糊，自然就难以对社区产生应有的归属感和责任感。

而公共艺术正可以发挥重建场所精神的重要作用。从理论上已经证实的事实来看，当代公共艺术及其文化理念对社区的成功介入和整合，将会产生诸多良好的效应，如：激发居民对社区理念的认知；调动和培养居民平等参与社区活动的积极性；增进居民对所在社区存在和归属关系的认同感；促进社区居民间的相互协作和对话；益于社区居民审美文化修养的提升；带动和整合社区环境物质文明建设的公共事业；创造独特的社区文化及视觉形象；促进社区自主建设、管理的组织机构和相应机制的建立和完善等。

随着公共艺术在城市中的发展，城市规划设计者和欣赏者也逐渐认识到，公共艺术并非纯粹的艺术表现，也并非为了纯粹的视觉观赏需要而存在，而是使公共环境更加具有场所感、地方感或历史感的重要因素，并能更多地服务于市民的日常生活。

#### 3.4.2.3　公共艺术对城市文脉与人文内涵的承载

“所谓城市的历史文脉，就是城市中多有与历史文化传统有关的东西。”[2]城市的历史文脉是经历了成百上千年的积淀留给我们的宝贵精神和物质遗产。城市的居民对历史遗迹、历史文化名人、历史传奇故事、历史档案都寄托着感情的归依，感受其深厚的文化底蕴，追索其蕴含着的城市的文化之根，而倍感弥足珍贵。当然历史不仅仅只是出现在历史遗迹和教科书中，更反映在有生命、有形体、有质感的城市景观中。城市的历史文脉构筑了一个生命体系，我们必须尊重和延续它，一旦破坏就无法恢复。每个城市的历史文脉都是无法重复、无法拷贝的。更为重要的是它是城市的景观设计师所不能选择的。延续城市的历史文脉并赋予新的时代内容不仅是景观设计师的设计之本，也是城市每一个居民应该永远坚持下去的事业。因为“一个失去历史遗存和记忆的城市，是一个令人悲哀的城市。”[3]

---

[1] R·E·帕克. 城市社会学——芝加哥学派城市研究文集[M]. 北京：华夏出版社，1987：111.

[2] 殷京生. 绿色城市[M]. 南京：东南大学出版社. 2004，132.

[3] 江晨. 南京城市设计中的历史文化资源展示设计初探[J]. 南京艺术学院学报. 2004（2）107.

一座城市的历史文脉有时跟其人文内涵紧密相关。人文景观是人们在长期的历史生活中形成的艺术文化成果，是人类对自身发展的肯定并通过景观形态表现出来。只有以人文精神为内在支柱，以城市人的发展需求为价值导向的城市景观才能展露出其“人格化”的风韵。人文精神在本质上是关于人的存在和意义的形而上的思考，但在城市景观中又表现为不同风貌、不同性质的城市。在全球化背景下，世界上很多城市在形态上雷同。只有文化上特别是城市人文精神上的区别显得尤为重要，更显价值。在城市景观的宏观架构中人文精神是核心，富有个性、鲜明性和完善性的城市人文精神是整个城市景观的灵魂和动力。

21世纪的城市把“人”的发展放在首位，强调“人”的因素的核心是对人文精神的关注。表现市民的价值观和主人翁的态度、开放的胸襟、积极进取的精神和追求发展的意识，这才是一个城市的精神。

下面我们结合实例来说明公共艺术荷载城市历史文脉和人文内涵的功能。例如北京的王府井大街。王府井的形成，有着悠久的历史渊源。辽、金时代，王府井只是一个不出名的村落，到了忽必烈定都北京之后，这个小村落开始热闹了起来，并有了“丁字街”的称呼。明成祖时，在这一带建造了十个王府，便改称十王府或者十王府街。明朝灭亡了以后，王府也随之荒废了，人们便称它为王府街。清光绪、宣统年间，这里开始繁华，街的两旁出现了许多摊贩和店铺，还有一个“官厅”，成为当地有名的一个市区。1915年，北洋政府绘制《北京详图》时，就把这条街分成三段：北街称王府大街，中段称八面槽，南段由于有一眼甜水井（井址在大街的西侧，现今的大甜水井胡同）而称王府井大街了。后来，逐渐用王府井称呼整条街了。1996年，北京政府开始扩建改造王府井大街，王府井继承并发展了传统的经营特色，兴建了一些大型的商业设施，形成了以东风市场和百货大楼为主体的繁华商业区。如今，王府井大街整饬一新，以崭新的面貌迎接中外客人。尤其是王府井的东安市场，它早期的民风、民俗可从《东安市景图》中看到。该图是张希广先生根据董善元所著《寰阓纪胜——东安市场八十年》一书创作的画卷，悬挂于正门上方，描绘了20世纪30年代东安市场商业活动的典型瞬间。画面采用老照片式的深棕色色调，突出了沉郁的气质和历史的沧桑感，它不仅再现了东安市场当年商贾云集、生意兴隆的繁盛景象，勾勒出老北京人生活、休闲、娱乐的市景风情，更多地融入了一种追思过去平民文化的氛围，体现东安市场特有的文化底蕴，成为王府井大街一道深情的人文景观。现重建的新东安市场当然不复旧时面貌，但是在老一辈文人的随笔杂忆中，依然可见老东安汇聚着吉祥戏院、书店、餐馆、小贩的热闹景象。当年在东安市场的商铺现多半不在，只有位于五楼的东来顺，地下一楼的老北京一条街、中华老字号一条街，与安放在新东安门前唱戏、剃头、拉黄包车的塑像，留下几许过往的线索。我们可以从王府井大街上窥见一斑，这条浓缩了首都北京的一条商业街，但是又积淀了深厚的历史文化。王府井，成为了北京这座城市的名片之一，吸引无数来到北京的人们。

## 3.4.3　公共艺术是城市品牌宣传的主渠道

像产品和人一样，地理位置或某一空间也可以成为品牌。城市品牌化的力量就是让人们了解和知道某一区域，并将某种形象和联想与这个城市的存在自然联系在一起。

随着经济的发展，我国城市化、现代化和国际化浪潮声势浩大。城市的地位、形象、声誉的高低已经逐步成为各个城市之间经济、文化实力的竞争及政治效应传播的重要体现。“营销城市”已经成为一些地方政府振兴社会和经济的一种策略和理念。一个城市除了开发诸多有形的物质产品之外，开发自身的无形资产并使之品牌化，就成为当代城市经营的一种方式。一个城市举办的文化艺术活动通过公共性的运作和传播，恰恰成为建立“城市品牌”及文化形象的重要途径。

上海，是中国的金融中心，中国的时尚之都，中国的魅力之都。上海市已经成功举办了2010年世界博览会、中国上海国际艺术节、上海国际电影节等大型国际活动。在这些公共大型活动举办的过程当中，上海就很好地将自己的“中国商业橱窗”的形象推向国际。

### 3.4.3.1　公共艺术作品对城市品牌的提炼和宣传

一旦一座城市确定了自己的定位，就要整合全社会的资源持续不断地经营和推广自己的核心价值。建立城市品牌是一项社会化的系统工程，就不可能紧紧依赖某一方面的因素来实现，但公共艺术也是具有不可替代的作用。因为城市品牌的视觉方面在城市品牌建设中特别重要。人类获得外部信息中，有83%来自于视觉，视觉识别设计是受众能够最直观感受的信息；同时，视觉识别设计的传播途径最为广泛，内容灵活多样，受到受众欣赏水平的影响相对较小，其以强烈的视觉冲击、精确的概念表达、独特的识别记忆在城市品牌宣传和推广中显得卓尔不群。城市视觉形象是城市品牌最直观的部分。建筑物、道路交通、商业店铺、旅游景点、人文景观等，都可以成为城市品牌的直接体现，也是城市品牌的特色基础，而这些都跟公共艺术息息相关。

公共艺术对城市品牌的提炼和宣传可以通过以下途径来实现：

①城市的名称、主题口号和其他符号——市徽、市歌、市花、市树等。

②城市的广告环境标识系统。

③城市的布局与空间设计系统。

④城市的公共文化设施。

其中，公共文化设施的设置就属于我们在这里讨论的范畴。后面章节就有详细论述。

### 3.4.3.2　公共艺术活动对城市品牌的推广

除了上述静态性的公共艺术作品对城市品牌的塑造外，举办中大型的公共艺术活动更能对一座城市品牌的推广产生奇效。

比如张艺谋导演的2008年北京奥运会开幕式，“中国式”的元素，演员们精湛的表演，绚丽的中国风舞台，都很好地向世人展示了中华民族的风貌，成为了一张全世界人民可以了解我们的名片。通过这种大型的公共艺术活动，使北京乃至中国的知名度大增，使得人们将某种独特的印象和联想与一个城市的整体认知联系起来，把一种现时的文化精神与城市的历史、人文及自然景观整合起来，奉献给来自四面八方的广大参观者，显示出类似于经营一种具有自身特征性和既定文化内涵的“产品”。

公共艺术活动还可以介入到公共广告、旅游、营销等城市品牌推广渠道中去。公共广告是为社会公众制作和发布的，不以营利为目的，它通过传播公共社会认同和期望的观念、主张或意见来传达公共舆论，给予社会真善美的价值导向。从一定意义上说，公共广告可以寓公共信息、公共精神于艺术创意及表现手法之中使其成为公共艺术形态的一个部分，起到社会教育及审美文化传播的作用。另外，各种公共艺术形态交织与众多市民的热情参与，可以构成与城市当地文化产生密切互动效应的综合性公共艺术场景。比如巴西的狂欢节和它的足球产业一样，都是人们只要一谈到这个国家就能联想到的事物。巴西的狂欢节有“地球上最伟大的表演”之称。它对女性化的狂热程度举世无双，每年吸引国内外游客数百万人。宏大的场面，绚丽的效果，人们的热情参与，都让狂欢节传递着巴西各地城市的风情（图3−13）。

图3−13　2015年巴西狂欢节盛况场景

总之，从城市意象的酝酿到城市形象的明晰直至城市品牌的铸就，公共艺术自始至终都全程参与、不离不弃，彰显着自身的独特功用。在城市的各种建构物中，成功的公共艺术作品与一个区域的规划以及建筑和道路系统的设计相比，一般更能直接和鲜明地显示其人文内涵与精神特征，显示出更为强烈的美学感染力和艺术表现力。在一定意义上，一座城市中有没有创造性的公共艺术作品和公众参与的艺术探讨与批评，有无适当比例的供人们进行文化与审美交流和娱乐休闲的公共场所，已经成为一座城市的品位优劣的显著标志，它们往往直接或间接地体现着城市民众的生活方式、生活品质和社会群体的精神状态。

# 第 4 章

# 公共艺术的类型

公共空间艺术涉猎的范围很广，对其分类的角度也有不同。

从宏观上，我们通常将公共空间艺术分为公共空间平面造型艺术、公共空间造型艺术和地景艺术。具体，我们又根据不同的性质将其划分。根据公共空间的基本表现形式来分，可将其分为雕塑、壁画、装置、景观设施等；根据公共艺术的表现内容来分，分为纪念性、象征性、标志性、陈列性、装饰性、趣味性、商业性、寓言性等；根据公共艺术的表现形式和手法可将其分为：形式上的立体、浮雕、平面装饰、复合形式等，艺术手法上的具象性、抽象性、直观性、含蓄性等；根据公共艺术的展示空间和方式可分为：展示空间的室内、室外和展示方式的临时性、永久性。

# 4.1 传统代表类型

## 4.1.1 壁画

### 4.1.1.1 壁画的含义

“壁”的含义，通常是指与地面垂直的建筑墙壁和柱子上或形态上有立面概念的实体。如柱壁、岩壁、岸壁等。从壁画的意义上，“壁”还泛指所有人为或自然空间的面体，乃至天花、幅、梁、门窗、地面等亦可涵括其中。那么，我们就可以归纳壁画的含义：壁画是一种绘制或是直接应用在墙壁、天花或其他大型永久性表面的一种艺术形式。有些壁画是画在巨大的画布上，然后贴在墙壁上（例如贴画法）。这些作品是否能被准确地被称为“壁画”，是艺术界一个具有争议的话题，但该技术自20世纪90年代末被普遍使用。[1]

由于现代科学与工艺技术的发展，壁画已经突破了绘画的界限，使绘画、雕刻、工艺、建筑和现代工业技术相互结合，从而成为边缘艺术。传统壁画概念显然不能完全概括现代壁画的含义。壁画的广泛概念已从内涵上“平面绘画”定义，延伸到包括非绘画性的木、石、铜等材料构成的具有立体特征的壁画上的浮雕。当代壁画的概念和含义十分的宽泛，这是因为在时代的变化中由于人的审美和感情的变化，加之环境本身的变化引起的。我国著名公共艺术家、教育家袁甫运教授指出：“在中国独特的社会形势下，壁画是公共性的，是具有时代特征、具有中国气派的充分体现时代理想的公共性艺术。”现代壁画在传统表现手法基础上扩展为两种形式：一是与环境紧密结合，甚至壁画的设计就是在建筑功能或空间功能的意义上的衍生；二是材料与手法多样

[1] Clare A. P. Willsdon (2000). *Mural Painting in Britain 1840—1940: Image and Meaning*. Oxford University Press. p. 394. ISBN 978-0-19-817515-5. Retrieved 7 May 2012.

性产生丰富的变化。但无论如何，壁画与“壁”是不可分割的，壁面是壁画的载体，是其最基本的物质基础。而作为载体的现代建筑功能与空间环境的变化还将对壁画的内容与形式产生反作用并有直接的影响。

现代壁画泛指与建筑空间相结合的视觉艺术综合的领域，是一切绘画手段都可以涉足的领域。可以与油画、粉彩画、丙烯画、重彩画法、湿壁画法、浮雕、高浮雕等种种传统技法结合。还可以用喷、涂、现代化机械手段，如金属中的切割、焊接等新的绘画技法。壁画有两大特点，即建筑性和装饰性。

1．壁画的建筑性：建筑为壁画提供了存在的条件，壁画可以说明建筑的性质有“画龙点睛”的作用，是建筑物最重要的标志。

2．壁画的装饰性：有两个含义，一是设计“主观性”，二是适应环境性（从属性）。

主观性是主观设计，是理想主义的设计，不受客观世界的局限，根据作者主观审美理想来设计，以概括、简化、取舍、分解、综合、归纳、组织、强调、夸张变形、换色等手法重新创造。与一般绘画相比，装饰绘画是主观设计，艺术处理的成分更多，形式感更强。主观设计是“放”如天马行空，形式感更强。

从属性是指要适应环境、器物，服从环境和器物与之谐调统一，达到美化的目的，是画龙点睛，而不是画蛇添足，装饰绘画不像一般绘画那样单一、独立、自我表现，从属性就是“收”，有许多限制，但处理得好，这些限制就可以变成特色和特长，大放异彩，具体到壁画从属性就是建筑性、装饰性既非再现，也非表现，而是美化，美是客观规律，在审美领域中的反映，即对立统一，是有秩序的运动，二者缺一不可，没有运动是呆板的，没有秩序是混乱的都不美。

### 4.1.1.2　壁画的发展简史

**1．国外壁画的发展简史**

壁画的出现可以追溯到旧石器时代晚期，如在位于法国南部的Ardèche的Chauvet洞穴里的壁画（约公元前30000年）。此时的壁画风格以自然主义为特征。热尔曼·巴赞在《艺术史》中指出，旧石器时代的祖先在描绘或雕刻大自然形态时，并无制作“艺术作品”的意图，而是有如此想法：保证猎物的丰富，诱使猎物跌入陷阱，或可用猎物的气力达到某种目的（图4-1）。

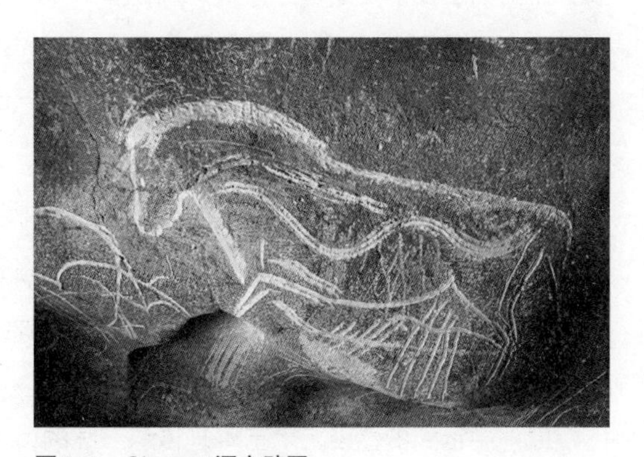

图4-1　Chauvet洞穴壁画

许多古老的壁画出现在埃及的古墓中（约公元前3150年），比如米诺斯宫殿（中年期的Neopalatial时期，公元前1700~公元前1600）和庞贝古城（约公元前100年~公元79年）。欣赏和研究古埃及的壁画时，似乎可以看到几千年前古埃及奇妙的、充满生气的生活情景。他们既不像欧洲人那样根据物象去画，也不像我们中国画家那样照想象去画。他们是根据实际的目的和用途去创作，因此他们的画不是很精致、漂亮，而是完整、圆满。画家尽可能地把一切东西制作得明确而又耐久（图4-2）。因此，他们不是按照任何偶然表现出来的样子去描绘自然，而是根据自己的记忆去描画，并且遵循着严密的法则，因为这种法则可以保证所有必须入画的东西都完全明确、突出地显示出来。他们的这种作画方法，类似于话题标记（图4-3）。

图4-2 埃及壁画

图4-3 埃及壁画

欧洲壁画兴盛于公元前5世纪。主流就是宗教、历史或神话故事。同时提倡人文精神。[1]它源于古埃及壁画，并具有几何化艺术形式的独到之处。欧洲壁画创作强化壁画的功能及其与建筑物的组合关系。其绘制目的就是为了装点城市建筑的室内外，从而美化人们的居住环境，表现城市的繁荣。由此可见，壁画艺术在当时的地位和盛况了。但壁画创作的主要题材仍然是宗教，如：米开朗基罗的《创世纪》、《末日的审判》，拉斐尔的《西斯廷圣母》等。

直到18世纪到19世纪前期，即巴洛克时期和洛可可时期，宫廷里流行奢华生活，这也影响着壁画艺术。壁画创作开始以宫廷主题而代替了之前宗教或神话故事为主题，多元化的主题开始涌现，同时也一改以前的写实主义风格，形式上更具有装饰意味。这种具有装饰意味的壁画艺术也逐渐为20世纪的主流设计——装饰设计奠定基础。到了19世纪30年代，由于外观和内部形象冷漠单调的现代主义几何形态建筑的批量出现，壁画装饰功能更得以前所未有地提高，在满足早期壁画的纪念、启示等主要功能的基础上，壁画呈现出更加丰富的功能形态，成为那一时期城市空间中营造人性氛围的重要手段。

欧洲中世纪的壁画艺术基本是传承一脉的，题材大多以宗教为主，表现形式以写实为主。现代壁画艺术全新观念和理念的形成和逐渐走向成熟要追溯到两次世界大战时期。在中世纪，壁画

[1] 郭元平，壁画艺术欣赏，山西教育出版社，1996.6：47.

通常在干泥灰表面进行（干壁画法）。在大约1300年的意大利，对湿灰泥壁画绘画技术的引进使壁画质量显著提高。❶

相对于早期或传统壁画而言，现代壁画的表现形式、内容、材料上都发生了翻天覆地的变化。同时其内涵也随着现代城市自然和人文环境被人们日益关注而凸显出来。“壁画总是依附于特定环境中的特定载体，总是利用自然或人为的环境空间进行一种创造性的设想和规划，通过制作，将人们主观愿望和艺术才能赋予其中”。❷被列为墨西哥“壁画三杰”的里维拉（Rivera）、奥罗斯科（Orozco）、西盖罗斯（Sigueiros）是其中杰出的代表。在20世纪初期，一场社会变革席卷墨西哥，这场变革是深刻的，它成为墨西哥艺术家们创作灵感的源泉。里维拉、奥罗斯科、西盖罗斯就在这时从欧洲回到祖国。里维拉、西盖罗斯等人在巴黎就曾公开发表了《告美洲艺术家宣言》，在宣言中他们表示要“创造一种划时代的英雄色彩的艺术，一种人道的、大众的艺术，这种艺术要以我们伟大的西班牙殖民时代以前的文化作为生动的榜样”。从而确定用民族的艺术形式反映墨西哥的社会革命，不满足于欧洲流派风格，深入群众，把欧洲绘画艺术的精华与印第安古代绘画的风格结合起来，创造出墨西哥民族独有的绘画艺术。就是用现实主义的表现手法，把反映民族爱国主义和革命的重大题材，画到公共建筑的墙壁上，使艺术从少数人的手里解放出来，直接与人民群众见面，成为鼓舞人民、教育人民、鞭笞民族败类和帝国主义的工具，最终产生了墨西哥“壁画运动”。

壁画与壁画运动，已经成为墨西哥当时所特有的文化艺术现象。不论以何种立场、观点来衡量，人们都会一致公认壁画是墨西哥文化艺术的瑰宝。

在现代，墨西哥的壁画艺术运动（Diego Rivera，David Siqueiros and José Orozco）对壁画艺术的发展贡献很大。因为它是墨西哥独立斗争和1910年革命等重大事件在艺术上的反映，也是对古代印第安人艺术传统的继承和发扬。❸

壁画有许多不同的风格和技术。最有名的可能是采用水溶性涂料的壁画——用潮湿的石灰水，在一个巨大的表面，快速地用混合物，从局部开始作画（但有一个整体的意识），颜色干后会变轻。这个画法被使用了几千年。

当今壁画运用各种不同的方式，使用油性或水性介质。风格可以从抽象风格到*rompe-l'œil*（这是一个法语词，意为“傻瓜”或是“欺骗眼睛”）。通过壁画艺术家Graham Rust和Rainer Maria Latzke在20世纪80年代发起的*rompe-l'œil*绘画激发了欧洲私人和公共建筑的复兴。今天，一幅漂亮的壁画已经发展了更广泛可用的技术——通过绘画或摄影图像转移到海报纸或帆布然后粘贴到墙面上（壁纸），呈现出手绘壁画或是现实场景的效果。

---

❶ Péter Bokody，Mural Painting as a Medium：Technique，Representation and Liturgy，in Image and Christianity：Visual Media in the Middle Ages，Pannonhalma Abbey，2014：136-151.

❷ 唐鸣岳. 建筑——壁画的依附体. 齐鲁艺苑. 2001，6：65

❸ 袁运普. 墨西哥壁画——20世纪艺术的辉煌成就. 北京：美术观察. 2004，1：78.

我们可以说，现代壁画艺术应该是一种通过多样的壁画艺术形式和手法，强调与环境结合，融入环境，来改善人类生存环境，美化人类的生存空间的艺术形式。它是当代环境艺术主要表现形式之一，二者是密不可分的。

### 2. 中国壁画的发展简史

中国是四大文明古国之一，壁画历史悠久。战国诗人屈原在《天问》中曾记述了楚庙及祠堂的壁画，由此可知春秋战国时期或是更早的朝代，即有壁画的运用。我国目前发现最早的壁画实物是秦都咸阳阿房宫、未央宫的壁画残块（公元前2世纪左右）。

古代壁画主要是通过手工绘画的方式实现。注重平面的装饰性，在表现现实生活和记录大场面历史事件等具有纪念性作用的题材、内容方面达到很高成就。如中国古代宫廷或墓室壁画：多以现实生活和神话传说为题材，结合国画艺术中线条的表现方式，表现具有装饰和平面意味的人物造型和题材内容，以矿物色粉为材料。

中国壁画虽说是产生年代早，但由于中国传统建筑大都是砖木结构，所以室内壁画流传至今的极少。所遗留的多为墓室或洞窟壁画。而汉代盛行厚葬，于是留下很多墓室壁画，现有记录的数量有40处左右，其中西汉时期较少，多数是东汉壁画。

此外，汉画像石刻也是古代建筑中壁画和壁饰的重要表现手段，汉画像石分布很广、数量很多，也说明在建筑材料与风格上是有所变化的。作为艺术化表现手段，多种材料工艺在其他艺术门类的使用并不鲜见，石刻、木雕、金属锻造、漆艺、陶艺工艺，还有丝毛编织工艺等都有相当的发展，大都分门别类自成体系，很少被壁画创作所采用。东汉末年随着佛教传入及道教的出现，宗教壁画得到了发展。到魏晋南北朝时期，宗教美术，特别是佛教美术和壁画迅速兴盛，甘肃敦煌莫高窟壁画就是最明显的例证。至唐代，佛教被大力推行，佛教壁画也达到高峰，主要有平原寺壁画和山区石窟壁画两大类。[1]平原寺壁画如：法海寺壁画（图4-4）；山区石窟壁画：莫高窟第12窟晚唐壁画《嫁娶图》（图4-5）。这一时期，历史人物、佛道经变及现实生活场景等都成为壁画题材。一代大师阎立本、吴道子等也创作了许多传世之作，其影响至今。他们留下的作品，都是国之珍宝。从炎黄时代的门户画荼，至汉像砖，再到道教壁画，曾经辉煌千百年。[2]

中国壁画从汉代的古拙生动到魏晋的清瘦飘逸，唐代的丰满华丽到宋代的世俗情态充分说明了中国壁画家一直关注如何表现具有时代审美取向的造型特征，在材质和媒介上则一直在继承着传统的法则和经验。

宋元明清时期的宗教壁画风格就明显继承了延续千年的传统。有所不同的是宋元由于道教的复兴，以道教为主流的宗教壁画较之盛行，如山西永济的永乐宫壁画，便是这一时期宗教壁画的杰出代表之一。时过境迁，随着道教地位的衰落，道教艺术也随着下滑。明清时期，宗教壁画

---

❶ 付卫东. 唐代敦煌壁画布局试析. 安阳师范学院学报，2006，4：132.

❷ 楚启恩. 中国壁画史. 北京：北京工艺美术出版社. 2000：246.

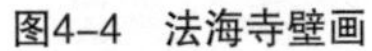

图4-4　法海寺壁画

图4-5　莫高窟壁画之《嫁娶图》

仍然有着唐代宗教壁画的影子，比如北京附近的法海寺中大量的佛教壁画。之后随着明清手工业商品经济的发展，许多官臣商贾之家的祠堂、府邸、庭院也开始用壁画来装饰，壁画从此更为普及。

明清以后，朝廷笃信印度菩萨，深受儒道思想熏陶的艺术家们，不愿意去画那些印度传来的大佛，就把宗教绘画让给民间画师。文人们却孤芳自傲，主张“画乃吾自画”，把笔锋转向山水花鸟。于是兴起了文人画，在其推动下，中国的山水花鸟有长足的进步，但中国的人物画，包括宗教画（宗教画以塑造人物形象为主）从此停滞不前。但是，也有例外，一些道教绘画的高手，或者说一些酷爱人物画创作的艺术家，离开内地，向边远地区发展，他们的艺术成就，在这些地区得到了发展和延伸。丽江壁画即是如此。它是唐、宋壁画艺术的直接继承者，是中国壁画艺术的最完美形式，是世界壁画艺术中的珍品。[1]于是我们可以说，从明代开始是中原内地道教绘画的衰败期，同时又是边远地区道教艺术的兴盛期。丽江壁画的艺术成就，与敦煌壁画、吴道子、武宗元的作品相比，其进步是显著的，而与永乐宫壁画较为接近，但丽江壁画较永乐宫壁画又胜出一筹（图4-6）。

图4-6　丽江壁画，明末清初

敦煌壁画开创了中国壁画的序章，永乐宫壁画则代表了中国壁画的升华，而丽江壁画则完成了中国宗教壁画艺术的宝顶。

---

❶　徐政芸. 丽江壁画艺术瑰宝. 今日民族. 2000，12：97.

由此说明，明代以前中国的宗教绘画，由知识型画家创作并绘制。其后，则多由民间画匠绘制，文人转向花鸟画的创作。[1]故而，著名的宗教壁画，都出在明代以前，其后的宗教壁画多为民间艺术，并无佳作。明代中原道教绘画受挫，许多著名画家转向文人画，另一部分来到丽江开创了丽江壁画。这些壁画高手们在内地绘制过大量宗教绘画，有着厚实的基础，并在丽江达到了壁画艺术的高峰。

#### 4.1.1.3 壁画技法的发展

壁画绘画［从意大利单词affresco派生出来的形容词fresco（“新鲜”）］，它描述了一种绘制在墙上和顶棚的石膏上的涂料。这种壁画涂料是由颜料混合水和一层薄湿的石灰砂浆和石膏。颜料是通过湿石膏吸收，数小时后，石膏逐渐干燥并与空气反应：这种化学反应将颜料颗粒附着在石膏上。在此之后，色彩明艳的绘画延续了好几个世纪。

干壁画是指在干石膏上作画（secco在意大利语里是“干”的意思）。因此，颜料需要一种结合介质，如蛋类（蛋彩画）、胶水或油添加在颜料里。

#### 4.1.1.4 材料

蛋彩画是壁画里面最古老的画法。蛋彩画是用蛋黄或蛋清调和颜料绘成的画。多画在敷有石膏表面的画板上。

在16世纪的欧洲，出现了一种更简单的壁画形式，就是把画画在油画布上。其优点是，壁画作品可以在艺术家的工作室完成，然后再运输到目的地，最后固定在墙壁或天花板上。它的缺点是，油画布上的颜色没有壁画的色彩明艳。同时，颜料由于粘合剂和大气条件的影响更容易泛黄。画布本身也比石膏板更容易恶化。不同的壁画家往往成为中间介质选择的专家，这些中间介质包括了油漆、乳胶漆或是丙烯酸涂料，且他们作图的工具也是多样的，有刷子、滚筒、喷枪或气溶胶。客户经常会要求一种特定的风格，艺术家们就要适当地调整技术来满足要求。

在壁画制作开始前，客户通常通过咨询了解壁画的详细设计、布局和报价，在客户确认以后，才能开始作画。绘画的区域可以打上网格，然后将图形一步一步准确地缩放在作画区域上。在某些情况下，也可以将设计稿直接投射到墙上，用铅笔描绘。也有些壁画家在没有任何事先做好的图上，直接将涂料画在墙上。

壁画一旦完成，可以用清漆或是丙烯酸釉层涂在表面做保护层以防紫外线和表面损伤。

作为一种替代手绘或喷绘壁画，数字印刷的壁画也可以应用在表面。现在的壁画可以通过拍照，然后用接近原始质量的图放大复制在墙壁上。

---

[1] 徐志坚. 走进壁画. 福州：福建美术出版社. 2003：157.

预制壁画的缺点就是往往它们是批量生产，缺乏一个原创作品的魅力和排他性。它们往往不能符合客户自己想要装饰的墙的大小或者客户自己的想法不能在作画过程中参与体现。壁画图像技术，一种数字化制造方法（CAM）由Rainer Maria Latzke发明，他解决了个性化和尺寸限制的问题。

数字化技术在广告行业里普遍应用。“墙面设计”是附在建筑物外墙的大型广告。墙面设计通常可以像壁画一样直接画在墙面上，或者印刷在乙烯上，固定地附在墙上的一种广告牌。虽然它没有严格归类为壁画，大型印刷界通常认为就是这样的。广告画是签约画家用传统法师作画在建筑和商店墙壁上，然后再作为大尺度的海报广告牌。

在现代壁画艺术“多元化”的趋势下，壁画材料的“多元性”势必成为现实。这种通过不同材质对比来产生视觉和心理冲击力的壁画艺术对于现代社会不断发展的空间环境来说，无疑是对艺术创造不拘一格精神的体现和对传统壁画程式的反叛和突破。

当然，现代壁画的材料也远远不止以上几种。随着现代社会的不断发展进步，更新的技术和各种更新型的壁画材料也将会层出不穷。这也有待于我们慢慢研究和开发。现代建筑重空间的意识理念，对壁画的形式与壁画材料提出了新的要求，而材料处理及工具和作品的实用目的决定了壁画的形式，同时材料的革新引起视觉趣味和艺术风格的变化。壁画材料，因其质感的表现力直接影响壁画以致整个空间的效果。因此，对材料性能的掌握也至关重要。不同种类的壁画使用不同的物质材料。材料就其自身来讲，只具有外部形式的可能性，只有当它从属于特定的创造意图，成为具有形象的体现者，即按照形象的要求而被利用起来时，他们才可能实现起着构成作品外部形式的作用，也才可能反作用于艺术的构思过程，使它拥有如何体现的自觉性与确定性。因地制宜地选择材料对于壁画和壁画所存在的空间非常重要。

总之，材料在不断更新拓展，激发艺术家的想象力与创造力，同时也让现代壁画艺术的表现力不仅体现在壁画本身，材料作为“媒介物”，通过艺术家的处理，通过公众的视觉经验和审美意识，最终完成整个环境空间统一和谐的情感共识。

#### 4.1.1.5　壁画的意义

把壁画归为公共艺术领域是很重要的。由于壁画涉及尺寸、成本和制作，壁画家们常常必须委托一个赞助商，这往往是地方政府或企业。对艺术家们而言，他们可能得到更多的观众，这些观众可能并不会踏入画廊，但能在公共空间欣赏壁画作品。一件壁画作品可以给一座城市带来美。

壁画可以成为一个相对有效地实现社会解放和政治目标的工具。壁画有时是针对法律的，常出现在当地的酒吧和咖啡店。通常，视觉效果可以诱导公众关注一些社会问题。国家资助的公共艺术表现形式，特别是壁画，是极权主义制度经常使用的宣传工具。然而，尽管作品具有宣传的特性，但其中一些仍有艺术价值。

#### 4.1.1.6 壁画与公共艺术

现代壁画与古代壁画在功能上有本质的不同，古代壁画主要服务于宗教，以壁画为载体宣扬宗教教义，多绘于洞窟和寺院之中，没有环境艺术的本质概念。而现代壁画作为公共艺术的重要组成部分，是在物质环境满足了人类生存和行为方式等基本需要的同时，给环境注入人类意志、理念、情感和美感的综合性艺术。

现代社会中，公共空间的类型和功能随着公共建筑和公共设施建筑的发展，比以往任何时候都要丰富。相应地，也产生了过去所未曾出现的新的建筑结构、建筑类型和建筑空间，这些都会对壁画的风格、样式起到催化和助推的作用。壁画虽从属于公共空间而存在，但它又具有相对的个性。因此，一件壁画作品体现着作者的艺术观点，也是独立的艺术品。它有最基本的艺术特征即审美价值的体现。成功地壁画作品首先是壁画家依据生活的经历、对生活进行选择、组织和升华，最后根据实际的要求，结合了具体的事实及人物活动对生活进行艺术的诠释。壁画家或设计师面临着各种因素的制约和对场所、空间的先期阅读，以期找到公共空间的特性、缺失和社会公众的精神诉求之间的联系纽带，进而将诸如计划、构思的形成，视觉语言的传达方式，最后的实施等付诸现实。

现代社会的人们对生活环境的质量要求越来越高，这种要求既包括生态环境的保护和恢复，又意味着在此基础上重建人类的人文环境。公共环境离不开美化，离不开生活，而壁画是以美化对象、愉悦心情为主要目的的，它与实际生活环境紧密结合。壁画艺术不仅是公共环境艺术的组成部分，而且是对现代环境艺术的诠释和拓展。壁画与环境全方位协调体现了公共环境艺术的文化整体性。因而，壁画艺术与现代公共环境的关系越来越重要。

**现代壁画审美特征**

公共性是现代壁画的显著特征，这就决定了现代壁画在现代生活中所具有的公共环境艺术的本质，也就决定了现代壁画在与环境的共生中自身所具有的不同于古代壁画的审美特征。

①尺度与美感

壁画是从文化和审美的视角来关注人们的生存空间，将环境与艺术作为一个整体进行综合性的设计。从设计开始就与环境产生了密切的联系，它必须通过建筑才能实现自身的价值，也只有与建筑物及其环境在空间比例尺度上的和谐才能产生美感。

首先，整体考察建筑空间及其空间界面关系是确定壁画尺度的基本前提。使之既不影响内外空间结构又能弥补建筑的缺陷，整体思考壁画尺度与建筑空间比例的关系，取得和谐统一的尺度美感。

其次，把握好壁画尺度与视距的关系。视距指人们欣赏艺术品的视觉距离，欣赏作品获得的视觉美感一方面靠画面的内容和形式，另一方面靠视距来调整，才能产生完整的视觉效果。

②材料与美感

自然造物给视觉艺术提供了丰富的材料资源，不同材料体现出不同的质地。从材料的原始状态来看，材料本身已具有了原始美感，加上艺术化的设计与工艺制作，材质美在壁画设计中就更为明显地具有了独立的审美价值。

这种趋势伴随着建筑的发展越来越明显。因而，对材料自然形态美的认识，对材质审美价值的发掘以及与建筑空间环境的结合，共同构成了现代壁画的材料观念。

③形式与美感

壁画视觉形式的产生来源于壁画家对某种特定空间环境的把握和对形式法则的创造性运用。壁画艺术形式的创造不同于绘画中的其他表现形式可以自由表述，壁画是在限定中寻求形式的创造，是与特定空间环境的统一协调来整体思考的。限定与创造是矛盾的两个方面，壁画设计恰恰是在这一矛盾中通过壁画家自觉地运用一定的形式规律与法则，融入个人的情感与理想所产生的视觉样式。

壁画艺术是人类精神世界的独特表现形式，它所产生的视觉感染力和对人们精神的启示是其他艺术语言所无法给予的。现代壁画也在随着新科技和新材料的发展和人们对艺术审美水平的提高而不断地变化和发展。壁画在与公共空间相融合的同时，更注重人文精神的注入。它依赖公共空间环境，又体现公共意识，是社会价值和人类追求美好愿望的重要体现形式，是现代公共艺术的重要组成部分。

### 4.1.1.7　壁画作品赏析

《创世纪》是米开朗基罗在西斯廷礼拜堂大厅天顶的中央部分，按建筑框边画的连续9幅宗教题材的壁画。这幅巨型壁画创作于1508年5月至1512年10月期间，历时长达4年多。画面面积达539平方米，画题均取材于《圣经》的开头部分中，有关开天辟地直到洪水方舟的故事（见《创世纪》）。分别为《神分光暗》,《创造日、月、草木》,《神分水陆》,《创造亚当》,《创造夏娃》,《原罪·逐出伊甸园》,《诺亚献祭》,《大洪水》,《诺亚醉酒》。画面由以上9幅中心画面和众多装饰画部组成，共绘有343个人物。作品场面宏大，人物刻画震撼人心，是米开朗基罗的代表作之一。尤其是中间那幅《创造亚当》（图4-7）。

《创造亚当》是整个天顶画中最动人心弦的一幕，这一幕没有直接画上上帝塑造亚当，而是画出神圣的火花即将触及亚当这一瞬间：从天飞来的上帝，将手指伸向亚当，正要像接通电源一样将灵魂传递给亚当。这一戏剧性的瞬间，将人与上帝奇妙地并列起来，触发我们的无限敬畏感。体魄丰满、背景简约的形式处理，静动相对、神人相顾的两组造型，一与多、灵与肉的视觉照应，创世的记载集中到了这一时刻。上帝一把昏沉的亚当提醒，理性就成了人类意识不停运转的“器”。在《创造亚当》上，左侧那个体魄健壮的裸体青年男子，使我们联想起他那著名的雕像《大卫》，而右侧那个点化人类精英的耶和华，一位年长的智者形象，又使我们联想起他的雕像《摩西像》。他后面由一群天使拥戴着，背景空无一物，象征广袤的宇宙空间。这幅宗教画给人以新的提示，那就是说，创造生命的力量存在于无限的空间，亚当与人类的创造者，在这茫茫的太空中是真正的主宰，他们可以自由地创造一切！当拉斐尔看了这幅巨大的天顶画之后，不禁

**图4-7　西斯廷教堂顶棚壁画，米开朗基罗**

感慨地说："米开朗基罗是用上帝一样杰出的天赋创造这个艺术世界的！"

迭戈・里维拉（西班牙语：Diego Rivera，1886年12月8日~1957年11月24日），生于墨西哥瓜纳华托。墨西哥画家、活跃共产主义者。里维拉最主要的贡献是促进墨西哥兴起墨西哥壁画复兴运动。1922年至1953年，里维拉在墨西哥城、查宾戈、库埃纳瓦卡、旧金山、底特律、纽约市等地作壁画。作为壁画大师，里维拉很好地平衡了壁画中的内容、形式与观念之间的关系，在形象刻画、色彩配置和空间处理方面显示出高超的功力，并在此基础上进行个人化的发展，将立体主义、原始风格和前哥伦比亚雕塑风格融合为里维拉的个性化风格。

1932年，受到洛克菲勒家族的邀请，里维拉前往纽约为洛克菲勒中心绘制壁画《十字路口的人类》。但后来，这幅具有马克思主义思想内涵的壁画引起了双方的争议，无法达成共识之下，里维拉被洛克菲勒中心解雇，壁画被毁。彼时，里维拉被解雇和壁画被毁的事件传遍了世界上每个角落。里维拉也获得了比其他艺术家梦想得到的更多的宣传。有研究者在旧档案室发现的无数印刷品和在纽约、墨西哥图书馆馆藏的报纸，就是这一事实的明证。电影《弗里达》也还原了这一事件，它对画家本人产生了极大影响，因而里维拉决定在墨西哥重新绘制这幅被毁的壁画。这幅壁画现存于墨西哥城的国家历史博物馆（Museo Nacional de Artes）（图4-8）。

**图4-8　墨西哥壁画家里维拉壁画作品《处在十字街口的人类》**

### 4.1.2　雕塑

雕塑属于视觉艺术的一个分支，是一种三维操作，是造型艺术的一种。雕塑又称雕刻，是雕、刻、塑三种创制方法的总称，指用各种可塑材料（如石膏、树脂、黏土等）或可雕、可刻的硬质材料（如木材、石头、金属、玉块、玛瑙、铝、玻璃钢、砂岩、铜等）创造出具有一定空间的可视、可触的艺术形象，借以反映社会生活、表达艺术家的审美感受、审美情感、审美理想的艺术。通过雕、刻减少可雕性物质材料，塑则通过堆增可塑物质性材料来达到艺术创造的目的。

#### 4.1.2.1　雕塑在公共艺术中的作用

公共艺术不等于城市雕塑，公共艺术的核心是艺术的公共性。雕塑在公共艺术中，特别是在公共环境中起到了视觉焦点和标志的作用，是公共艺术中重要的创作手段，公共雕塑是一个展示灵魂、灵魂交流的平台。它以独有的空间语言破译着从人类心灵深处发出的声音。公共雕塑能使欣赏者真正融入一种愉快的公共关系中，并成为构成整体公共关系有机的一部分。

**1. 雕塑的视觉中心作用**

以前公共艺术作品的设计往往是由水体、灯光、雕塑造型、园林绿化、环境景观艺术等诸多因素组成的。在此类作品中，雕塑被广泛地使用，它可以起到不可替代的作用，雕塑作品把公共艺术品中纯美化的东西提升到文化的层面，给城市环境注入了一种精神的生命。

在当今的城市中，匆匆的脚步和人们的快节奏生活都被钢筋混凝土的建筑所包围着，生活圈严重地挤压着心灵空间，而人们在工作之余更需要的是精神上的放松和心情上的短暂休息。艺术环境由此成为一种必要的手段，公共艺术填补着这样的空白，雕塑也起到了关键的作用。雕塑概念在现代艺术的范围在不断地扩大，我们把空间里的造型变化划为广义上的雕塑艺术。这样，公共艺术中的很多造型方式都可以说成是雕塑。雕塑造型多数有着很强的设计性和创造性。包含着设计者大量的脑力劳动，所以一件环境雕塑作品的安放往往占据着人们的视觉中心的地位，这是由雕塑自身的艺术魅力和感染力决定的。

雕塑的生命力决定它的主体地位，所以，只要有雕塑的地方，其他的公共要素都退而次之地成为了烘托雕塑的手段。比如希腊罗马许愿池雕塑群和环境和周边的建筑、流水、天空等一起相互交织给雕塑带来了特殊的视觉效果（图4-9）。

图4-9 希腊罗马许愿池雕塑群

### 2. 雕塑具有教育和承载的作用

雕塑的教育功能性是雕塑天生就有的一种社会功能，它能把历史的瞬间变成永恒，能歌颂伟大的时代和承载历史的文明。在当代公共艺术中，雕塑的这种作用被广泛地运用，尤其在全国各地的文化名人广场，纪念雕塑作品都告诉我们现代的公共艺术中雕塑所起到的作用。

例如，人民英雄纪念碑，它凝聚着中华民族不屈的力量。它是中国历史上最大的一座纪念碑。时任中央美院华东分院院长的刘开渠主稿《胜利渡长江》。这块浮雕是纪念碑上最大的浮雕，表现了中国人民解放军百万雄师胜利渡长江、解放全中国的壮观场面。刘开渠谈到浮雕构图时特别强调了形式感，对于浮雕创作，他不仅重视整体的宏观效果，也注重细节刻画。伟大的人民英雄纪念碑落成于1958年5月1日。艺术家们的心血都凝聚在纪念碑下层大须弥座束腰部四面镶嵌着的八幅汉白玉大型浮雕上。这些浮雕高2m，总长40.68m，共有约170个人物形象，生动而有力地勾画出我国近百年来可歌可泣的革命历史（图4-10）。

**图4-10　人民英雄纪念碑，浮雕壁画作品《胜利渡长江》**

3. 具有与人交流的作用

雕塑与人交流有两种基本的方式，其一是心灵上的碰撞与沟通；其二是身体上的接触和参与。身体上的接触与参与更好地将大众和雕塑联系在了一起。当雕塑走向大众，轻松的造型给人们一种亲切之感，我们在忙碌的生活中得到一丝短暂的休息，我们与其并存而没有压力和困惑，孩子们能与其共同嬉戏，这样雕塑与人的交流性就凸显出来。马克思说，艺术对象创造出懂得艺术和能够欣赏美的大众。因此，在雕塑和视者之间的交流能够促进大众审美情趣的提高，我们进行公共艺术创作可以引进一些大师的作品来提高大众审美，也可以创造性地引导大众审美。参与与提高审美是不矛盾的，这是公共艺术内涵所决定的，雕塑要成为其中的一部分就要符合这样的规律。在与作品“交流”的同时去理解作品，这样才能符合当代的人文思潮。

当雕塑走入城市环境，成为了公共艺术的一部分，公共艺术的内涵就成了人们关心的焦点，这个新的学科吸收着雕塑给它带来的文化感和历史感。雕塑本身充当了一种原色，雕塑用自己装点环境的本能发挥着重要作用。雕塑也找到自己的现代因素，完成了架上到室外的转变，用直接的交流在潜移默化和观赏者走得更近，雕塑的作用在这个范围中扩大，时代给雕塑这样的机会，雕塑也推动了公共艺术的发展。

### 4.1.2.2 雕塑的类型

1. 圆雕

圆雕指不附着在任何背景上、可以从各个角度欣赏的立体的雕塑。雕塑内容与题材也是丰富多彩，可以是人物，也可以是动物，甚至于静物；手法与形式也多种多样，有写实性与装饰性，也有具体的与抽象的，户内与户外的，架上的与大型城雕，着色的与非着色的等；材质上更是多彩多姿，有石质、木质、金属、泥塑、纺织物、纸张、植物、橡胶等等。圆雕作为雕塑的造型手法之一，应用范围极广，也是老百姓最常见的一种雕塑形式。武汉著名商业街江汉路上，就有许多表现武汉当地特色的铜塑圆雕作品。人们逛街经过它们时都会驻足欣赏（图4-11）。

图4-11 武汉江汉路圆雕铜塑作品《热干面》

2. 浮雕

浮雕是雕塑与绘画结合的产物，用压缩的办法来处理对象，靠透视等因素来表现三维空间，并只供一面或两面观看。它是雕塑与绘画结合的产物，一般是附属在另一平面上的，因此在建筑上使用更多，用具器物上也经常可以看到。由于其压缩的特性，所占空间较小，所以适用于多种环境的装饰。它在城市美化环境中占了越来越重要的地位。浮雕在内容、形式和材质上与圆雕一样丰富多彩。

它主要有神龛式、高浮雕、浅浮雕、线刻、镂空式等几种形式。

我国古代的石窟雕塑可归结为神龛雕塑，根据造型手法的不同，又可分为写实性、装饰性和抽象性。

高浮雕是指压缩小，起伏大，接近圆雕，甚至半圆雕的一种形式，这种浮雕明暗对比强烈，视觉效果突出（图4-12）。

浅浮雕压缩大，起伏小，它既保持了一种建筑式的平面性，又具有一定的体量感和起伏感（图4-13）。

图4-12　清代高浮雕流鎏金漆双喜临门木雕

图4-13　柬埔寨巴戎寺浅浮雕

线刻是绘画与雕塑的结合，它靠光影产生，以光代笔，甚至有一些微妙的起伏，给人一种淡雅含蓄的感觉（图4-14）。

图4-14　北魏时期石棺线刻《孝子图》

### 3. 透雕

透雕又称为镂空雕，是介于圆雕和浮雕之间的一种雕塑。在浮雕的基础上，镂空其背景，有单面浮雕和双面浮雕，有边框的又称为镂空花板。这种手法过去常用于门窗栏杆家具上，有的可供两面观赏，现在会将这种雕塑工艺运用在大型的公共雕塑作品里，与自然景观有很好的结合（图4-15）。

**图4-15 袁加青铜雕塑作品——《永远的明灯》**

### 4.1.2.3 雕塑的目的和主题

雕塑最常见的用途是某种形式的宗教用途。人物崇拜是最常见的，比如古希腊的奥林匹亚宙斯神像。像圣殿崇拜的埃及神庙，虽然没有任何幸存品，即使在最大的神庙，里面的雕塑也非常小。同样的情形也可以在古代印度教，最常见的就是形式非常简单的林伽。佛教把宗教雕塑带到东亚，那里似乎早就已经有宗教的雕塑，形状简单的璧和琮可能就有宗教意义。

小型雕塑作为个人财产可以追溯到最早的史前艺术，并且使用大型雕塑作为公共艺术，尤其是为了表现统治者的权力，像狮身人面像，至少可以追溯到4500年以前。在考古学和艺术史上，那些在文化上被看作是有重大意义的雕塑，它们出现后，也许会消失。追踪它们的存在常常是复杂的，因为这些雕塑有可能因为是由木头或是其他容易腐烂的材料没有任何记录。[1]图腾柱，是一个传统的木质纪念性雕塑，可能不会在考古上留下任何痕迹。为了体现雕塑巨大的召唤自然的能力，通常通过运输很重的材料，并且筹备支付全职的雕塑家，这被看作是一个构成社会组织的相对进步的文化。中国最近意外发现青铜时代人物三星堆，有些人物是人类体量的两倍大小，打破了许多关于中国早期文明的推断，因为很小的铜像是普遍认知的一种雕塑形式。[2]有些毫无疑问的先进文化，例如印度河流域文明，似乎没有任何纪念性雕塑，虽然有非常复杂的雕像和印

---

[1] See for example Martin Robertson, *A shorter history of Greek art*, p. 9, Cambridge University Press, 1981, ISBN 0-521-28084-2, ISBN 978-0-521-28084-6 Google books

[2] NGA, Washington feature on exhibition.

章。密西西比文化似乎已经更着重于雕塑的用途，该文化瓦解时，流行小的石像。其他文化里，比如古埃及和复活岛文化，似乎在非常早期的阶段就投入了大量的资源在非常大型的纪念性雕塑上面。

雕塑的收集：在较早时期，可以追溯到2000年前的希腊，在中国和中美洲发现了半公开的展示空间来展示众多的藏品。从20世纪起，在相对有限的范围内，研究发现了大量的使用抽象主题和表示其他类型主题大型雕塑。如今，很多雕塑都是由美术馆或是博物馆间歇性地展出。现在的运输能力及贮藏能力及工作能力的提高都是导致越来越大的雕塑出现的因素。小型装饰雕塑，最常出现在陶瓷雕塑的形式中，当今与洛可可、古希腊，东亚艺术和前哥伦布艺术时期一样都是很流行的。小型雕塑应用在家具和其他物品配件上，要追溯到古代，比如尼姆鲁德象牙、贝格拉姆象牙，还有从墓里发现的图坦卡蒙（图4-16）。

图4-16　贝格拉姆象牙雕刻

肖像雕塑始于埃及，在那里纳尔迈调色板展示了32世纪的统治者，在美索不达米亚，那里有古地亚雕像展示了公元前2144~公元前2124的拉格什统治者。在古希腊和古罗马，在公共场合树立人像雕塑代表了精英们最高的荣誉和野心，他们也有可能会被描绘在一枚硬币上。[1]在其他文化中，譬如埃及和远东文化中，公共雕像几乎是统治者们才能拥有，其他富人们只能在他们的墓里面描绘。在前哥伦比亚时期，统治者是做肖像的特定人群，开始于约3000年前的奥尔梅克的巨大雕像。东亚的肖像雕塑完全是宗教，领先的神职人员用人像雕像纪念，尤其是修道院的创始人，而不是统治者或者祖先。地中海的传统复兴，最初只为墓肖像和硬币，在中世纪文艺复兴时期，发明了新的形式，如个人肖像奖章。

与人物形象结合的动物主题雕塑，是最早的雕塑主题，并且一直受欢迎，通常，它们用的是写实的方式，但往往是想象中的怪物；在中国，动物和怪兽几乎是在寺庙和墓外部的石头雕塑的唯一传统主题。植物只是在珠宝和装饰浮雕的重要形式，但是几乎所有的拜占庭艺术和伊斯兰艺术的大型雕塑都可以看到植物主题的装饰。植物主题和大多数欧亚传统一样也是非常重要的，其中的图案比如花饰和葡萄的卷曲藤蔓从东部传到西部超过了两千年。

出现在世界各地史前文化的一种雕塑的形式是一些东西的放大版本，比如常用器具、武器、贵重的材料做的不实用的容器，要么就是纪念或是祭祀的某种物品。玉或其他类型的绿岩材质用在中国、奥尔梅克时期的墨西哥、新石器时代的欧洲还有早期的美索不达米亚的大型的陶器。青

---

[1] The Ptolemies began the Hellenistic tradition of ruler-portraits on coins，and the Romans began to show dead politicians in the 1st century BC，with Julius Caesar the first living figure to be portrayed; under the emperors portraits of the Imperial family became standard. See Burnett，34-35; Howgego，63-70

铜用在欧洲和中国的斧子和刀口的造型中（图4–17）。

图4–17　藏于英国博物馆的奥克斯伯勒青铜剑

### 4.1.2.4　雕塑的材料和技术

用于雕塑的材料是多种多样的，而且不断变化。金属是经典的材料，它具有优异的耐久性，尤其是青铜、石头和陶器。木头，骨头和鹿茸不耐用，但是因为材料便宜也会被选择。珍贵的材料，比如黄金、银、玉和象牙通常会用于小型的豪华作品，有时也会出现在较大的雕塑作品中，比如克里斯李范亭雕像。更常见和便宜的材料被用于更广泛的消费雕塑，包括硬木（如橡木、黄杨、菩提树），赤陶土和其他陶瓷，蜡（一种很常见的材料可以塑造模型、信件的密封、宝石雕刻），金属铸造如锡和锌。还有其他大量的材料已经被用来作为雕塑的一部分，这在民族志和古籍中有记录。

雕塑通常会有涂色附在表面，但是随着时间流逝，表面的涂色会消失。许多不同的绘画技法已经运用在雕塑制作中，包括蛋彩、油彩、烫金、气溶胶、搪瓷和喷砂。

许多雕塑家不断寻求艺术的新方法和材料。毕加索最著名的作品之一运用了自行车的零部件。亚历山大考尔德与其他现代主义者尝试用钢作画。自20世纪60年代，亚克力和其他塑料也被用来作画。还有一些艺术家们在自然环境中几乎完全使用自然材料完成他异常短暂存在的雕塑，比如一些冰雕，沙雕和气雕。最近雕塑家们使用彩色玻璃、工具、机械配件、五金和消费包装来使自己的作品变得时尚。

**1. 石材**

石雕是一个古老的活动，靠去除自然粗糙的石头形成雕塑。由于材料的持久性，最早的社会会沉溺于某种形式的石雕作品，这是有证据可以追溯的。即便不是所有的地方都像埃及、希腊、印度和大多数欧洲国家一样拥有丰富上好的石头资源。岩画（又称岩刻）也许是最早的石雕形式：通过去除岩石表面的部分创建的图像，用切割、雕刻、磨琢的方式完成。纪念性雕塑占地面积大，建筑雕塑直接连接到建筑物上。玉石雕刻是为艺术目的的雕刻半宝石，比如玉、玛瑙、水晶、玉髓和诸如此类的石头雕刻。蜡石或矿物石膏是一种软质矿物，是易于雕刻小型作品，而且比较耐用。宝石雕刻品是宝石的小型雕刻（包括宝石浮雕），最初用来作密封印章的戒指（图4–18）。

图4–18　西亚印章戒指

①花岗岩

花岗岩是一种岩浆在地表以下凝却形成的火成岩，主要成分是长石和石英。花岗岩质地坚硬，很难被酸碱或风化作用侵蚀，常被作为雕塑和建筑物的材料。外观色泽可保持百年以上，因此很多室外的雕塑作品采用花岗岩作为首选对象。花岗岩的颜色主要分为红、黑、绿、花，其中花色系列的应用最为广泛。

②大理石

大理石属于石灰岩，是在长期的地质变化中形成的。大理石是由于产于云南省大理而得名。它包括大理岩、白云质大理岩、蛇纹石大理岩、结晶灰岩及白云等。大理石的质感柔和、美观庄重、格调高雅，是装饰豪华建筑的理想材料，也是艺术雕刻的传统材料。但由于大理石瑕疵太多，因此适合作为小面积的雕塑装饰。大理石没有花岗岩那么坚硬，因此容易摩擦损坏，不太适合在室外展放。

③砂岩

砂岩由碎屑和填隙物组成，碎屑成分以石英为主，其次是长石、岩屑、白云母、绿泥石、重矿物等。砂岩作为雕塑材质必须有化学物质为媒介，因此，其结实程度没有花岗岩和大理石好，且颜色均匀程度也较前两者差些。

**2. 金属**

青铜和有关的铜合金是最古老的，并且仍是最流行的铸造材料。青铜雕塑通常被称为一个简单的“青铜”。常见的青铜合金有非同一般的延展性，因此它可以用在填补模具的细节之处。它们的力量和延展性是制作塑像的优势，尤其优于陶瓷和石材。黄金是最柔软、最珍贵的金属并且是非常重要的一种金属，和银一起，它们可以柔软到可以用锤子和其他工具塑形。

铸造是在生产过程中，将液体材料（青铜、铜、玻璃、铝、铁）倒入模具中，其中包括一个有形状的空腔，然后凝固，最后脱模取出金属部分的过程。铸造经常用于制造复杂的形状，否则用其他的材料将很难完成或是很不经济。现存最古老的铸铜是公元前3200年美索不达米亚的青蛙。具体技术包括失蜡铸造、石膏型铸造和砂型铸造。

①铸铜

铸铜的历史非常悠久，且技术成熟。铸铜的工艺要比锻铜复杂，艺术创作的复原性好，因此适合成为精细作品的材料，很受艺术家的喜爱，尤其人物雕塑最为常见。但其容易氧化，所以要多注意保养。

②不锈钢

不锈耐酸钢简称不锈钢，它是由不锈钢和耐酸钢两大部分组成的，简言之，能抵抗大气腐蚀的钢叫不锈钢，而能抵抗化学介质腐蚀的钢叫耐酸钢。由于不锈钢有诸多的优越性，因此，很多的城市雕塑都是以它为材料。不锈钢要求雕塑本身简洁大方，形体感明显，且光影效果强烈，颜色的选择性最大。

③锻铜

锻铜浮雕艺术是一门传统艺术，早在中国古代和中世纪的古罗马帝国，锻铜技术便已十分盛行。21世纪的到来，新技术、新工艺的更新发展，为现代锻铜艺术发展提供了更为广阔的舞台和发展空间。在现代设计潮流的影响下，锻铜艺术具有了现代视觉艺术的形式特点。由于铜容易被氧化，因此，室内展放要多于室外。由于锻铜比较轻盈，比较适合作为浮雕的原材料。

**3. 玻璃**

玻璃可用于雕塑需要通过大量的处理手段。它可以雕刻，但具有相当的难度。罗马莱克格斯杯就是独一无二的。[1]热铸可将熔融玻璃舀到由砂、石墨、石膏或硅胶制作的模具中；窑铸玻璃是在窑中将玻璃块加热成液体状，将其直接倒在模具中；玻璃也可以吹或用手工工具配合进行热造型。

**4. 陶**

陶是一种古老的雕塑材料。在许多金属铸造中就运用很广泛。在许多文化里，都产生了功能性的陶器，比如日常使用的容器。小俑在现代西方世界也比较流行。

**5. 木**

木雕一直都非常普遍，但留存下来的雕塑并不多，因为它容易腐烂、受虫害、不抗火灾。因此，木雕在许多文化的艺术史中变成了一个重要的隐形元素。[2]室外木雕在大部分地区都持续不了很长时间，以至于我们没有一点点关于图腾柱传统发展的信息。特别是中国和日本一些很重要的雕塑，很多都是木材，还有非洲、大洋洲和其他地区的大部分雕塑也都是木材的。木头轻，非常适合进行面具和非常精细的雕塑。在木头上精细的雕刻比在石头上雕刻更容易。

**6. 玻璃钢**

以玻璃纤维或其制品作增强材料的增强塑料，称谓为玻璃纤维增强塑料，或称谓玻璃钢。由于所使用的树脂品种不同，因此有聚酯玻璃钢、环氧玻璃钢、酚醛玻璃钢之称。

玻璃质硬而易碎，具有很好的透明性以及耐高温、耐腐蚀等性能；因此，它的用途广泛，玻璃钢作为雕塑材料，具有一定的实用性，一般作为样稿材料，在室内多作为仿铜的效果。

**7. 泥塑**

泥塑的制作方法大致分两种：一种是近代从西欧传入的雕塑的制作方法；另一种采用我国传统泥塑制作方法。

从西欧传入雕塑的制作方法是：先要有一个雕塑铁架子，架子根据塑像的姿态、形体的比例大小，而决定内部骨架的形状；在骨架四周扎上若干小十字架，它的作用是将泥巴相连成为一个整体，不至于塌落，便于塑造。架子做好后，根据预先做好的泥巴构图进行放大塑造。

---

[1] British Museum - The Lycurgus Cup

[2] See for example Martin Robertson，A shorter history of Greek art，p. 9，Cambridge University Press，1981，ISBN 0-521-28084-2，ISBN 978-0-521-28084-6

圆雕是立体的，要有一个整体观念。先把四面八方的泥堆好，由简至繁，逐步深入。第一步要注意每个角度的整体效果。第二步要分析形体结构是否准确，整体与局部的关系是否统一和谐。第三步着重形象的细致刻画，直到完成。泥塑因受气候影响易裂变形，难以永久保存，故泥塑要变为一件作品须翻成石膏像。我们经常接触到的雕塑作品较多是石膏做成的，往往喷上各种颜色，使它产生青铜、木材、石头等的质感。关于翻石膏，有一套复杂的技术，这里就不介绍了。

我国传统的泥塑制作方法则不同。在我国的寺庙里，许多神佛的塑像金碧辉煌，如果打碎一看，原来是一堆木材、泥团、棉花、断麻、沙子、稻草、麦秸、苇秸、谷糠、元钉等东西。它的制作程序大体是这样的：第一步，根据神佛的题材、大小、动态、先搭好木制骨架，在骨架上捆上稻草或麦秸以增大体积，再用谷壳和稻草泥拌好的粗泥在骨架上用力压紧、糊牢；第二步，等粗泥干到七成的样子再加细泥（细泥用黏土、沙子、棉花等混合而成），把人物的神态充分刻画出来；第三步，等泥塑全干透后产生大小许多裂缝，再加以修补；第四步，等泥巴干透后，把表面打磨光洁，然后用胶水裱上一层棉纸，并加以压磨，使表面一层更平正、细致、坚固，再涂上一层白粉（白粉加胶水）；第五步是在白色的形体上，根据人物的需要上各种颜色，待全部颜色上好后，再涂上一层油，以保护彩色的鲜艳，到此就全部完成了。

**8. 混凝土雕塑（水泥雕塑）**

水泥雕塑又称混凝土雕塑。使用水泥作为雕塑的主要材料，配合钢筋构架，具有固如建筑的长久寿命，拥有成本相对较低的优点。被广泛应用在各种室外、广场、公园、主题场所等大型的雕塑构建中。缺点是初始材质软，硬化速度过快，体型笨重，成分配比不当容易出开缝和内裂。

**9. 面塑**

据史料记载，中国的面塑艺术早在汉代就已有文字记载，经过几千年的传承和经营，可谓是历史渊源流长，早已是中国文化和民间艺术的一部分，也是研究历史、考古、民俗、雕塑、美学不可忽视的实物资料。就捏制风格来说，黄河流域古朴、粗犷、豪放、深厚；长江流域却是细致、优美、精巧。

面塑艺术的特点是“一印、二捏、三镶、四滚”（泥塑的步骤），还有“文的胸、武的肚、老人的背脊、美女的腰”。面塑实际上是馍，用糯米粉和面加彩后，捏成的各种小型人物，主要出现在嫁娶礼品、殡葬供品中，也用于寿辰生日、馈赠亲友、祈祷祭奠等方面。农家把已蒸好的各种面塑花摆在诸神前，其中猪头形面塑俗称“大供”，另外还有花馍、花果馍、礼馍、馍玩具等。制面馍的工具十分简单：白面、剪刀、菜刀、梳子、红枣、花椒等物，只要掌握好发面技术，按照式样进行捏制，一个鲜活的面馍形象就会脱颖而出。

我国传统的饮食文化源远流长，据文献资料，汉代早已有面塑的记载，宋代《梦粱录》中曾记载着把面塑用在春节、中秋、端午以及结婚祝寿的喜庆日子。在陕西、河北也有把面塑称作“面花”和“年馍”的，并将这古老习俗一宜贯穿于节庆日子的始终。从年三十到正月十五，乡村中到处可见互送礼馍的欢快场面。在陕西关中东部妇女几乎人人都是制作礼馍的高手，其中尤其以年长的妇女技艺更是高超。

#### 4.1.2.5 雕塑作品介绍

图4-19是用图像表达的雕塑，正如它表达的主题“音乐旋律”那样，音符的跳动、曲调的起伏、明艳的色彩给人强烈的视觉感受。

图4-19 第13章和平交响乐，SanJose，加利福尼亚

艾未未的景观雕塑作品，《光之喷泉》，2007年作，23英尺高。他借用了塔特林第三国际纪念碑的样式，用水晶灯做成。塔特林第三国际纪念碑象征俄国革命带领人们走向未来和现代。相比较之下，艾未未的这个雕塑看上去更小更脆弱并且有讽刺意味；它看上去更像是资产阶级的装饰品，而不是体现工业主义和未来主义（图4-20）。

图4-20 艾未未雕塑作品《光之喷泉》

### 4.1.3 装置艺术

#### 4.1.3.1 装置艺术的概念

装置艺术起源于20世纪60年代，也称“环境艺术”。它是艺术家们将日常生活中已经消费或未消费的物质文化实体，通过艺术再创造，做出富有新文化意蕴的艺术作品，作品通常能够展示个体或群体的精神层面的诉求。它具有后现代艺术的特征，是艺术家用以表达社会、政治、生活、个人观念的重要媒介。

### 4.1.3.2　装置艺术的发展

在20世纪50年代，艺术家希望冲破传统的艺术观念，寻找一种新的艺术语言，并重新界定艺术的分类。装置艺术是对传统艺术分类的一种挑战，它能自由使用各门类艺术手段，表明人类表达思想观念的艺术方式，是无法用机械的分类来界定的。美国评论家Michael Kimmelman指出，装置艺术在当代的兴起，与它的文献记录功能有关。它在这方面的潜能，远远超过绘画、雕塑和摄影等艺术形式。装置艺术不受艺术门类的限制，它自由地综合使用绘画、雕塑、建筑、音乐、戏剧、诗歌、散文、电影、电视、录音、录像、摄影等任何能够使用的手段。可以说，装置艺术是一种开放的艺术手段。

艺术家根据特定展览地点（包括室内、室外，但主要是室内）及空间特地设计和创作的艺术整体。美国艺术评论家Hugh. M. Davies认为装置艺术甚至能追溯到原始人法国拉斯卡的洞窟绘画，装置艺术是人类古老文化传统在当代艺术中的遥远的回声。因为原始艺术家们所创造的不是单独的、可以移动的艺术品，而是一个体现某种宗教或巫术的环境。1942年在美国纽约举行的“国际超现实主义展”，已可以看作是装置艺术了（图4-21）。

**图4-21　杜尚作品——《十六里的线》（1942年超现实主义纽约国际展展厅布置）**

### 4.1.3.3　装置艺术与雕塑艺术的关系

雕塑作为一种古老的艺术形式已经有很悠久的历史。很难定义装置艺术与雕塑的明确界限。在当今很多雕塑展览中，通常会包括装置艺术作品。从历史角度来讲，雕塑家们的探索确实为装置艺术打下了基础，但装置艺术在其发展过程中形成了自己独特的艺术组成和艺术特征，它可以看作是雕塑艺术基础上的艺术多元化发展以及艺术大众化与生活化背景下的必然产物。

首先，装置艺术使用的材料是以生活中常见的物品为主，而雕塑是以硬质材料的使用为其典型特征，并且强调一种“完整感”的表达。装置艺术材料的广泛性决定了其具有很强的可变性。在科技飞速发展和信息极速传播的当代社会，这一点正符合了大众及社会的需求。

其次，装置艺术的形式与表达手段的多样性使它能够采用很多先进的科学手段，它加入了更多媒介，比如电子产品。尤其是时下最盛行的3D投影。这一点是雕塑无法比拟的。传统的雕塑作品也是强调技术水平的，概括造型能力，对体积和体量的感受力，低点与高点的相互作用，面与轮廓线有节奏的连接等，但是现代创作观念的发展已经不能仅仅依靠这样的艺术呈现方式。

最后，与雕塑的完整与永恒性不同，装置艺术是可变的艺术。一般来说，装置艺术供短期展览，不是供收藏的艺术。通过艺术家在展览期间改变组合，或在异地展览时，增减或重新组合，体现它的艺术呈现的灵活变化性。

### 4.1.3.4 装置艺术的特征

**1. 公众的可参与性**

装置艺术首先是一个能使观众置身其中的、三度空间的“环境”。它通过表达特定主题以及采用特殊形式引起人们的共鸣，从而形成与人们无形的交流。观众介入和参与是装置艺术不可分割的一部分。装置艺术是人们生活经验的延伸。装置艺术创造的环境，是用来包容观众、促使甚至迫使观众在界定的空间内由被动观赏转换成主动感受，这种感受要求观众除了积极思维和肢体介入外，还要使用它所有的感官：包括视觉、听觉、触觉、嗅觉，甚至味觉。

1996年建成的Schouwburgplein广场位于充满生机的港口城市鹿特丹的中心，面积有12250平方米，由荷兰景观设计师Adriaan Geuze完成。广场四周有位居中心的公立戏剧院，设在对街的全市主要的音乐厅，另有可表演舞蹈、歌剧与戏剧的复合式演奏厅，以及可看见整个广场的餐厅，还有最近才建造完成的PATHE多荧幕电影院，人们也称这个广场为剧院广场。Schouwburgplein广场是景观装置艺术的成功应用典范。广场上设立四座高度超过35米的水压式柱灯，高大的共色发光探照桅杆，像真的探照灯一样每两个小时改变一次形状，人们只要投入铜板便可以随心所欲地操纵，以形成不同的高度、方向与位置，让广场每时每刻都呈现不同面貌，强化了人们的参与性与广场的变化性（图4-22）。地下停车场的三个通风塔伸出地面15米高。通风管外面是钢结构的框架，三个塔上各有时、分、秒的显示，形成了一个数位式时钟。这些装置烘托着广场的海港气氛，并使广场成为鹿特丹港口的映像。装置支柱的控制箱旁可以电脑来控制灯光，这种无定势的

图4-22 Schouwburgplein广场装置艺术

变化，增加了广场的趣味性。PATHE多荧幕电影院的白色组合式荧幕上正放映着广场上人们的活动情景，透过隐藏式摄像机将广场上的活动变成了电影院的一部分，呈现出剧院广场更新之后最吸引人的主题。Schouwburgplein广场的气氛是互动式的，伴随着温度的变化，白天和黑夜的轮回，或者夏季和冬季的交替以及通过人们的幻想，广场的景观都在改变。

**2. 材料的多样性**

装置艺术作为一门开放的艺术形式，创作手段多元化，可选用的材料丰富，除雕塑常用的材料如木、石、钢、玻璃、塑料等之外，对现成品的利用，重新加工、重组、拆解是装置艺术的一个突出特点。在环境设计更注重生态环保，以及对原有资源再利用的趋势下，装置艺术无疑成为景观设计体现自然生态的最有力手段。

法国艺术家Mademoiselle Maurice最早收到日本折纸艺术的启发，将折纸艺术在香港、越南及法国的民间街区再现。图4–23就是他在法国昂热街头设计的折纸涂鸦作品。他用纸张这种日常中随处可见的材料，借鉴日本传统的折纸艺术，运用如彩虹般的色彩，让城市的街头呈现出不一样的艺术气息和活力（图4–23）。

装置艺术可以让一处场地顿时变得活力四射。2002年秋以来，维也纳新设计的博物馆区的广场里，因为114块吸引人的雕塑块而使广场生动活泼起来。这些构件的多边形形状是用各种不同的集合图形拼接形成的，而梯形的外形使得这些塑料块可以以许多不同的组合方式装配在一起。这些装置是靠一种新材料的应用以及装置艺术的独特拆分，组装特点而完成的。各个构件是由展开的多个300厘米×125厘米×100厘米的聚苯乙烯块形成的，塑料芯用彩色涂料喷涂来保护它免受紫外线的照射以及防止磨损与风蚀。作为保养方式，表面涂层每年以不用颜色更新一次。由于用钢缆和镀锌钢管加固构件上的两个钻孔，所以这些构件可以轻易地被重新放置成多种多样的方式，以供人们使用。12个构件头尾相接地摆放就会形成一个圆形，供人们躲避恶劣的天气，倒过来放可以被当作自助

图4–23　法国街头折纸涂鸦

**图4-24 维也纳新博物馆区广场装置艺术**

餐厅的桌子或吧台，或者可以为时装表演搭建一个T形舞台，还可以将构件堆起来形成一个售货的亭子……（图4-24）

**3. 展示的科技性**

装置艺术由于具有开放的创作手段，所以多媒体艺术、数码、电影、光电子、戏剧、诗歌、建筑等，都可以成为装置艺术创作的方式和手法。当这些先进的技术手段以装置艺术为载体出现在环境设计中时，无疑为场地增添了绚丽的色彩，促成了人们视觉、听觉、味觉、触觉等多方面的空间感知。在信息化、科技化的时代，传统的雕塑与景观小品已不再适应现代人不断变化的审美需求了。

芝加哥千禧公园被称为“芝加哥的前院”，由法兰克盖里设计的露天音乐厅，足以容纳1500人，是建筑史上第一座具有室内音乐厅音乐品质的露天星光音乐厅。交叉的钢索在大草坪上搭建起一座巨大的棚架，高约40米的敞开式舞台是由形状似“波浪卷发”的不锈钢带状物构筑而成的，舞台上方直接连接着十字形交叉的不锈钢管格架，延伸至广场草地的尽头。架构式露天棚自然地划分出音乐厅的座位席。音乐厅采用环绕视听数字技术，创造了理想的音效环境，全方位地呈现出音乐的真实与美妙。这个巨大的装置艺术将音乐、景观、人交融在一起，这种交互式的公共艺术具有奇妙的冲击力。

矗立在千禧公园中心的是一个表面光滑如镜的10米多高的椭圆形镜面不锈钢巨大弧面装置《云门》，它那巧夺天工的无缝合不锈钢表面光滑闪烁，吸引着无数的游客绕行于这个110吨的庞大装置，赏玩着震撼人心的“扭曲”城市映像。这个作品介于雕塑于装置之间，定义其究竟属于哪一类并无意义，它对材料、技术的运用以及于人们的互动，对人们好奇心的激发，才是值得人们注意的（图4-25）。

利用电脑控制渐变影像与喷水的皇冠喷泉是由西班牙艺术家普连萨所设计的，南北各有一座高约15米、宽7米的视讯荧屏，记录了1000位芝加哥市民的脸部表情，透过电脑控制LED灯光和色彩，以每小时6张的速度渐变，配合喷泉喷水，宛如一部精彩幽默的互动剧。短期的变化景

图4-25　阿尼什·卡普尔雕塑作品《云门》，芝加哥

观，创造了包容的环境，促使人们由被动的观赏转为主动的参与，除了思维还有肢体。

这是以最先进的技术手段为地处芝加哥闹市区的千禧公园建造的最具独特性的喷泉，用水、艺术形象和LED技术产生和谐的艺术效果。这一令人惊叹不已的喷泉已获得2005ARCHI-TECH AV奖，旨在奖励创新新地结合AV技术与建筑设计的杰出方案。

**4. 功能的复合性**

上面提到建筑可以作为装置艺术的表现手段，从而成为场地中的主要角色。这是雕塑在公共环境设计中无法达到的。艺术、建筑、景观设计、工业设计等各个学科之间的交叉渗透越来越多，建筑作为一个装置出现在场地景观中，成为前卫建筑家突出表现自我风格与某种特殊理念的手段，并行之有效。上面介绍的芝加哥千禧公园露天音乐厅即是一个最好的实例。在慕尼黑和科隆2005年规划提出的帆布背包式住宅以独特的方式为提升居住质量提供了一种新的手段。在日本Echigo - Tsumari art Tri - ennial in Matsudai Town年展上，创造了一个全钢格栅结构的装置，称作“稻宅”，这是一个摆设在稻田里的建筑片段，强调它是空间的、建筑的、现场的（邀请游客和当地农民休息和欣赏风景）和环境发生关系的复合装置艺术（图4-26）。

图4-26　张永和《稻宅》

装置也好，雕塑也好，建筑也好，艺术与景观本就没有明确的界限，重要的是对公共环境设计未来的无限探索。

### 4.1.3.5　景观装置案例介绍

这里展示两件关于灯泡的灯光装置。

由加拿大艺术家Caitlind Brown设计的《灯泡云》，是一个原比例的互动灯光装置，公众可以站在装置旁将上面的灯泡拿下来或安装上去，这种互动行为创造了一个灯光闪烁的巨大云朵。

艺术家使用钢铁、金属拉绳、六千多个亮灯泡和烧坏的灯泡来制作。这个设计对废物进行重新构想，用一种不同的艺术视角来处理过剩的材料。这则作品，总计使用的6000枚灯泡，其中的5000枚为民众捐献的用过的废弃灯泡！这样的造型真的好梦幻啊，尤其是夜晚将灯泡点亮之时（图4-27）。

图4-27 灯泡云装置艺术

同样是一件灯光装置作品，设计师Squidsoup的灯光装置《Submergence》使用了8064盏灯。在这个像素化的空间，他使用Ocean of Light的科技产品创作，这件作品有单独控制的3D网格组成，Squidsoup将它描述为“在屏幕和环境光之间的环境”，利用这个可定制硬件，设计师可以在现实世界创造出表现音乐和环境的动态灯光画面（图4−28）。

图4−28　灯光装置《Submergence》

我们可以看到，虽然这两件作品都是用灯泡作为元素来进行创作，但是表现的手法和呈现形式不一样。他们都要体现作品和人们的交流，激发人们的参与性。

### 4.1.4　景观小品

景观小品是景观中的点睛之笔，一般体量较小、色彩单纯，对空间起点缀作用。小品既具有实用功能，又具有精神功能，包括建筑小品——雕塑、壁画、亭台、楼阁、牌坊等；生活设施小品——座椅、电话亭、邮箱、邮筒、垃圾桶等；道路设施小品——车站牌、街灯、防护栏、道路标志等。

景观的总体效果是通过大量的细部艺术加以体现，好比给一个人化妆。如果他的眉毛化的不合适，那么就会影响整体妆容。因此，景观中的细部处理一定要做到位，因为在大的方面相差不大的情况下，一些细节更能体现一个城市的文化素质和审美情趣。

人们的生活离不开艺术，艺术体现了一个国家一个民族的特点，表达了人们思想情感。而在环境设计中，艺术因素仍然是不可或缺的，正是这些艺术小品和实施，成为让空间环境生动起来的关键因素。由此可见，景观环境只是满足实用功能还远远不够，艺术小品的出现，提高了整个空间环境的艺术品质，改善了城市环境的景观形象，给人们带来美的享受。

### 4.1.4.1 景观小品的概念

什么是景观小品呢？有人认为，无非就是放置在室外环境中的艺术品。但艺术品的范围很广，包括摄影、书法、绘画、雕塑、工艺等，一旦把艺术品界定在外部公共环境当中，它的概念就不再那么简单了，放在室外环境当中的个人的、纯粹的艺术创作几乎不存在任何普遍性的因素，这并不是纯粹意义上的景观小品。景观中的艺术作品同其他的艺术形式相比，更加注重公共的交流、互动，注意“社会精神”的体现，将艺术与自然、社会融为一体，将艺术拉进大众化之中，通过雕塑、壁画、装置以及公共设施等艺术形式来表现大众的需求和生活状态。所以，从某种意义上来说，室外景观小品就是我们所说的公共艺术品。

### 4.1.4.2 景观小品设计原则

**1. 功能满足**

艺术品在设计中要考虑到功能因素，无论是在实用上还是在精神上，都要满足人们的需求，尤其是公共设施的艺术设计，它的功能设计是更为重要的部分，要以人为本，满足各种人群的需求，尤其是残疾人的特殊需求，体现人文关怀。

**2. 展示个性**

艺术品设计必须具有独特的个性，这不仅指设计师的个性，更包括该艺术品对它所处的区域环境的历史文化和时代特色的反映，吸取当地的艺术语言符号，采用当地的材料和制作工艺，产生具有一定的本土意识的环境艺术品设计。

**3. 生态原则**

一方面节约节能，采用可再生材料来制作艺术品。另一方面在作品的设计思想上引导和加强人们的生态保护观念。

**4. 情感寄托**

室外环境艺术品不仅带给人视觉上的美感，而且更具有意味深长的意义。好的环境艺术品注重地方传统，强调历史文脉饱含了记忆、想象、体验和价值等因素，常常能够成独特的、引人注目的意境，使观者产生美好的联想，成为室外环境建设中的一个情感节点。

### 4.1.4.3 景观小品的艺术表现

景观小品与设施在景观环境中表现种类较多，具体包括雕塑、壁画、艺术装置、座椅、电话亭、指示牌、灯具、垃圾箱、健身、游戏设施、建筑门窗装饰灯。

**1. 座椅**

座椅是景观环境中最常见的室外家具种类，为游人提供休息和交流。设计时，路边的座椅应推出路面一段距离，避开人流，形成休息的半开放空间。景观节点的座椅实施设置应设置在背景而面对景色的位置，让游人休息的时候有景可观。座椅的形态有直线构成，制作简单，造型简

图4-29　纯直线造型公共座椅

图4-30　纯曲线造型公共座椅

图4-31　直线曲线结合公共座椅

洁，给人一种稳定的平衡感（图4-29）。有纯曲线构成的，柔和丰满、流畅、婉转曲折、和谐生动、自然得体，从而取得变化多样的艺术效果（图4-30）。有直线和曲线组合构成的，有柔有刚、形神兼备，富有对比之变化，完美之结合，别有神韵（图4-31）。有仿生与模拟自然动物植物形态的座椅，与环境相互呼应，产生趣味和生态美。图4-32就是在巴塞罗那16公顷的Forum's 公园（Forum's park）为每年都会举办为期三天的音乐节设计了这样一系列的景观座椅。该座椅用的是波纹管和木头材料，椅身涂上鲜明的颜色，借用自然中树的造型设计的这一系列座椅。

图4-32　仿生造型公共座椅

2. 指示牌

由于指示设施多设置在室外，在功能上需要防水、防晒、防腐蚀，所以在材料上，多采用铸铁、不锈钢、防腐木、石材等（图4-33）。

图4-33 各种指示设施示意图

### 3. 灯具

灯具也是景观环境中常用的室外家具，主要是为了方便游人夜行，点亮夜晚，渲染景观效果。灯具分类有很多，分为路灯、草坪灯、水下灯以及各种装饰灯具和照明器（图4-34）。灯具选择与设计要遵守一下原则：

（1）功能齐备，光线舒适，能充分发挥照明功效；

（2）艺术性要强，灯具形态具有美感，光线设计要配合环境，形成亮部与阴影的对比，丰富空间的层次和立体感；

（3）与环境气氛相协调，用“光”与“影”来衬托自然的美，并起到分割空间，变化氛围；

（4）保证安全，灯具线路开关乃至灯杆设置都要采取安全措施。

### 4. 垃圾箱

垃圾箱是环境中不可缺少的景观设施，是保护环境、清洁卫生的有效措施，垃圾箱的设计在功能上要注意区分垃圾类型，有效回收可利用垃圾，在形态上要注意与环境协调，并利于投放垃圾和防止气味外溢（图4-35）。

### 5. 设施

游戏设施一般为12岁以下的儿童所设置，需要家长领导。在设计时注意考虑儿童身体和动作

图4-34　灯光装置艺术示意图

图4-35　垃圾箱示意图

基本尺寸，以及结构和材料的安全保障，同时在游戏设施周围应设置家长的休息看管座椅。游戏设施较为多见的有：秋千、滑梯、沙场、爬杆、爬梯、绳具、转盘、跷跷板等。

健身设施只能够通过锻炼身体各个部分的健身器械，健身设施一般为12岁以上儿童以及成年人所设置。在设计时要考虑成年人和儿童的不同身体和动作基本尺寸要求，考虑结构和材料的安全性。

游戏设施和健身设施一般设置在院里主路的区域，环境优美、安全（图4-36）。

### 6. 门洞与窗洞

《园冶》中讲道："门窗磨空，制式时裁，不惟屋宇翻新，斯谓林园遵雅。工精虽专瓦作，调度犹在得人，触景生奇，含情多致，轻纱环碧，弱柳窥青。伟石迎人，别有一壶天地。"景观设

图4-36 儿童游乐设施和老人健身设施示意图

计中的园墙、门洞、空窗、漏窗是作为游人向导、通行、景观的设施，也具有艺术小品的审美特点。园林意境的空间构思与创造，往往通过它们作为空间的分隔、穿插、渗透、陪衬来增加精神文化，扩大空间，使之方寸之地能小中见大，并在园林艺术上又巧妙的作为取景的画框，随步移景，转移视线有成为情趣横溢的造园障景。

（1）门洞的形式有：

①几何形：圆形、横长方、直长方、圭形、多角形、复合形等；

②仿生形：海棠形、桃、李、石榴水果形、葫芦、汉瓶、如意等。

（2）窗洞包括：

①空窗：在园墙上下装窗扇的窗洞称为空窗（月洞）。即可采光通风，又可作取景框，扩大了空间和进深；

②漏窗：在园墙空窗位置，用砖、瓦、木，混凝土预制小块花格等构成棂多样的花纹图案窗；

③景窗：即以自然形体位置为图案的漏窗。

门洞与窗洞的材料可就地取材，直接采用茅草、藤、竹、木等较为朴素的自然材料（图4-37）。

图4-37 门洞示意图

**7. 桥**

桥梁是景观环境中的交通设施，与景观道路系统相配合，联系游览路线与观景点，组织景区分隔与联系。在设计时注意水面的划分与水路的通行。水景中桥的类型有汀步、梁桥、拱桥、浮桥、吊桥、亭桥与廊桥等（图4-38）。

图4-38 景观桥示意图

### 4.1.4.4 设计内容

**1. 主从关系**

对称的构图：政治性、纪念性和市政交通环境中的园林景观小品；

非对称构图：居住区环境或者商业步行街上的园林景观小品。

**2. 对比关系**

包括大小对比、强弱对比、质感对比、色彩对比、几何形状对比等。

**3. 节奏与韵律**

节奏是指物体的形、光、色、声等进行有规律的重复。韵律是指在节奏的基础上进行具有组织的变化。

**4. 比例与尺度**

比例是控制园林景观小品自身形态变化的基本方法之一。

①以人的尺度为标准，避免公共建筑给人造成压抑；

②还要尊崇美德规律。

**5. 整体和细部**

首先应对整个设计任务具有全面的构思和设想，树立明确的全局观，然后一步一步地由整体到细节的逐步深入。

**6. 单体和全局**

单体是指单一小品形式，全局是指园林景观小品所处的整体环境。

**7. 创意和表达**

明确的立意和构思，才能有针对性地进行设计。

### 4.1.4.5 景观小品的作用

我们来分析一下城市景观小品的具体功能。环境艺术品是面向大众的审美态度，它的功能也是与大众需求分不开的，并对社会发展、区域环境产生积极的影响。

室外环境艺术品的主要功能有以下几点：

**1. 美化环境：**

景观设施与小品的艺术特性与审美效果，加强了景观环境的艺术氛围，创造了美的环境。

**2. 标示区域：**

优秀的景观设施与小品具有特定区域的特征，是该地人文化历史、民风民情以及发展轨迹的反映。通过这些景观中的设施与小品可以提高区域的识别性。

**3. 实用功能：**

景观小品尤其是景观设施，主要目的就是给游人提供在景观活动中所需要的生理、心理等各方面的服务，如休息、照明、观赏、导向、交通、健身等的需求。

**4. 环境品质：**

通过这些艺术品和设施的设计来表现景观主题，可以引起人们对环境和生态以及各种社会问题的关注，产生一定的社会文化意义，改良景观的生态环境，提高环境艺术品位和思想境界，提升整体环境品质。

## 4.2　特色和新兴类型

### 4.2.1　室内置景艺术

#### 4.2.1.1　室内置景的概念

室内置景主要是指用于室内或半室内的供观赏之用的风景。例如，用于室内或半室内空间的植物花卉、景观小品等。广义的室内景观设计包括：1. 私人的室内景观设计：私人住宅庭院景观、居住空间室内盆景陈设、阳台绿化等；2. 公共空间室内景观设计：公共空间室内庭院景观；3. 与建筑有特殊关系的景观设计：屋顶花园、建筑绿化、生态建筑等传统意义上的室内景观设计。狭义的室内景观设计是指将室外的自然景物和人造景物直接引入建筑或通过借景的方式引入室内形成的对室内庭院、室内景观的创造。

现代室内置景应具有更广泛的设计范畴和设计理念、景观要素与建筑以各种方式融合，成为一个有机体。它是一个与建筑相关的整体设计。无论是以建筑为主体，还是景观为主体，只有两者完美协调才能形成舒适的室内环境空间。现在室内设计所呼吁的创造“以人为本”、“以自然为本”，不仅为人，也为人与自然的和谐共生创造一个和谐的环境。

### 4.2.1.2 室内置景设计的分类

**1. 从空间形态上划分**

（1）室内空间的置景设计（围合空间）

室内置景可以看作景观向建筑内的延伸，由于与外界的环境有所隔离，室内的景观必然受到人造环境的影响和制约，有其自身的特点。室内环境是有顶的围合界面空间，在植物的高度与体量上有所限制。而对于植物生长而言，室内最大的弱点是光线不足，在一般的室内，植物接受不到户外充足的阳光，这时候就要靠室内人工光的补偿。但是对于一些向阳植物和盆栽，在设计室内景观的时候，要特别注意光线的问题。在一些大型公共空间中，顶棚的设计一般是透光的玻璃顶棚，这样可以让80%的自然光线引入室内，基本满足了植物对光的需求。 室内景观设计的植物应服从室内空间的性质、用途，再根据尺度、现状、色泽、质地等来选择植物。室内景观主要是存在与公共建筑空间中，由于其空间比较大，所以设计一定规模的室内景观成为一种可能。建筑空间的中庭、侧厅、室内街等都是创造室内景观的理想空间。

（2）半室内空间的景观设计（半开敞）

在建筑空间中，日本建筑师黑川纪章提出了灰空间的概念。其本意是指建筑与其外部环境之间的过渡空间，以达到室内外融和的目的，比如建筑入口的柱廊、檐下、过厅、阳台等，它们是人们进出室内的通道和人们休息观景的场所。这种灰空间的景观形态与建筑密切联系，可以依附于建筑结构景观，如利用屋檐形成瀑水景观等。居住空间的阳台是人们与大自然亲近的平台，阳台上花卉植物在美化环境的同时，也是居家必不可少的绿色宠物。随着绿色室内设计的发展，半室内空间的景观设计会更多地存在于灰空间中，融合室内与室外的环境。

（3）露天的室内景观设计（开敞空间）

在创造建筑空间的景观形式时，由于现代空间形态特点的模糊与交融，有些景观形态虽然被建筑体包围，但却暴露于室外；有些景观位于建筑顶上；有些景观要素先于建筑存在，建筑依景而建。这些暴露与室外的景观与建筑和室内空间有着不可分割的联系，很多时间它们会通过借景的方式引入室内，因此这部分景观也成为室内景观所涵盖的范围。现在很多居住区，复式楼房或者别墅，都有屋顶花园，它们都是室内向室外的延伸。因此，露天的室内景观也是室内景观的范畴，体现了建筑与环境的交融关系。

早在古希腊时期的每年春季，雅典的妇女都集会庆祝阿多尼斯节，届时在屋顶竖起阿多尼斯雕像，周围环以土钵，钵中种植发了芽的莴苣、茴香、大麦、小麦等。这种利用盆栽植物进行屋顶绿化美化的方法也属于屋顶绿化的一种。目前在日本被广泛利用于难于种植植物的屋顶绿化，而被称为屋顶容器绿化。

**2. 从表现内容上划分。**

（1）自然生态的室内景观用植物、水、山石等自然元素为室内景观带来自然的气息，以满足人们亲近大自然的需求。自然生长的植物为室内带来了生机和生命力；清澈的水体为室内空间增添别样的情趣；再加上明媚的阳光，室内空间充满了和谐自然的生态美。自然的室内景观为单调的空间带来了一丝轻松与惬意，也可以提高空间的功能效率。自然的植物景观可以形成独特的地域特征的室内空间气氛。如，高大的棕榈树给空间带来热带的风情；青青的竹子给室内空间环境带来清新幽静的自然气氛。

（2）人文艺术的室内景观

不同地域的自然条件造就了各具特色的人文景观和风土人情。具有地域特色建筑艺术是地区标志的形象，而在自然条件下形成的人类社会、民族文化使世界趋于多元化。赋予室内环境文化的内涵，使民族和历史文化得以继承和发展。随着社会经济的发展，人们对于文化精神的需求日益提高。创造具有人文内涵、文化品位的室内环境成为现在及未来建筑和室内设计发展的重要方向。文化的室内景观要素不仅包括植物、水、山 石，还包括更为广泛的人文艺术形式，如建筑物、雕塑、绘等，它们共同形成室内空间的文化景观。

#### 4.2.1.3 室内景观设计的创造手法

按自然景观的分类及其特点将室内景观的创造手法分为直接引入法和借景引入法两种。

**1. 直接引入法**

将景观要素植物、水体、山石、雕塑等在室内空间中形成的实实在在的景观形象，使人们可以在室内环境中最为真切地亲近自然，看到、闻到、听到、触摸到大自然的气息。一个自然生态的室内环境是令人神往的。城市快节奏的工作方式和竞争带来的精神压力，也使人们越来越怀念自然清新的空气、静谧空旷的田野氛围，寻找心中曾经有过的儿时的美好记忆和那份纯真。人们可以坐在鲜花旁边，闻着花香享受下午茶；看着潺潺的流水和跳跃的喷泉，伴着鸟鸣声放松自己的心情；漫步于小桥流水或通幽的曲径中，触摸自然的绿意。直接引景入内是室内景观重要的设计手法。

**2. 借景引入法**

借景是将园外景象引入并与园内景象相叠合的造园手法，也是中国古典园林最重要的造园手法之一，通过借景可以增强空间的通透性，将不同空间的景象拉到同一个视觉平面上，达到远近空间的互相交融。我们在室内景观设计中，运用借景的办法将室外的景观引入室内空间，在视觉上亲近自然，让室内外融为一体。室内是一个有限的空间环境，需要满足众多的功能需求的同时，用室内景观带给空间审美和精神的享受。很多时候室内没有足够的空间来容纳景观，也只有通过远观。因此，对于这些可远观而不可亵玩的景观，我们通过借景入内的办法，可以让人坐在室内观尽风景。在建筑设计过程中，窗户不仅具有采光的作用，还具有借景的功能。在设计时可以根据周边的环境调整窗户的位置和大小，这样可以把周围的景观如远山、大海等作为室内自然的风景画。建筑旁边的庭院景观也可以通过落地窗将室内外空间联系起来，人们可以在室内观赏庭院美景。借景也是室内景观设计重要的设计手法之一。

#### 4.2.1.4 室内景观设计优秀案例介绍

一提到迪拜帆船酒店，就让人联想到奢华。设计师周娟在工期时间短、施工条件限制条件诸多的情况下，还是如期完成任务，交上一份阿联酋酋长满意的作品。酒店大堂色彩艳丽，配合灯光造景，营造出美轮美奂的视觉感受。特别是酒店内长长的扶手电梯景观，精心设计的喷泉让人感受步移景异的奇妙视觉之旅（图4-39）。

日本传统"町家"的庭院景观，在半开敞景观设计里是具有代表性的。不对称的建筑空间的布局，围合成许多空间内庭院。精致的庭院景观，给日本建筑添上靓丽的一笔（图4-40）。

图4-41、图4-42都可以看出，在建筑顶部，运用植物造景的手法，对建筑的裸露部分进行绿化，俯瞰楼顶时，仿佛这些绿色是混凝土森林里的一抹清新。

图4-39 帆船酒店内部景观

图4-40 日本"町家"庭院内景观

图4-42 芝加哥城市酒店屋顶花园

图4-41 日本建筑顶楼花园景观

## 4.2.2 地景造型艺术

### 4.2.2.1 地景造型的概念

地景艺术（Land art），或作“大地作品”（Earthworks，这个词由Robert Smithson所创），或“大地艺术”（Earth art）。它是与景观艺术作品有千丝万缕联系的艺术运动。同时，它也是在自然中创造艺术的一种艺术形式，通常使用天然材料，如土壤，岩石，有机介质（原木、树枝、树叶），混凝土，金属，沥青或矿物颜料。地景艺术作品不是放在景观空间中，而是景观本身就是它的创作手段。

虽然是艺术创作和大自然的结合，并不意味着用艺术作品把自然改观，而是把自然稍加施工或修饰，在不失大自然原来面目之下，使人们对他所处的环境重新予以评价。换句话说，把大自然稍加施工或修饰，使人们重新注意大自然，从中得到与平常不同的艺术感受。

### 4.2.2.2 艺术宗旨

第一，探求制作材料的平等化和无限化，并打破艺术与生活的界限。

第二，反对艺术作品的买卖行为。他们认为艺术作品不应该放在美术馆，更不许成为少数资产阶级的独享物。

第三，地景艺术的生命是短暂的，其目的在于让大多数的人参与。而这一种参与的行为完全脱离了实用性，只在游戏与幻想的行为中，得到未知的一种新体验。

即使如此，地景艺术家在创作态度上也有两极化的表现，有些艺术以大地为画布，展现对自然的浪漫情怀，代表艺术家如史密斯逊、克里斯多等人。有的艺术家在自然中延伸内在空间，仿佛回到远古的自然神秘崇拜，如席拉、海札。有的艺术家则去除了艺术家的英雄主义，将演出的焦点完全让给自然的美感特性，原始的在时间中慢慢呈现，如森菲斯特。

美国天然优美，资源丰饶的景地，一直为艺术家所赞扬，也是许多艺术家创作的泉源；但在艺术史里，直接引用大地来创作雕塑作品，还是近二十多年发展出来的，这种以大地为创作材料、强调人与自然关系的艺术，称为“地景艺术”。

### 4.2.2.3 材料

地景艺术的艺术品所用的材料均取之天然而多样化，如大地（包括森林、山岳、河流、沙漠、峡谷、平原），甚至石柱、墙、建筑物、遗迹等都是艺术家常用的材料，而他们大多会保持材料的自然本质，不过在技法上却巧妙地运用捆或绑的方法，再加以造型，然后安排架构及意象，置于艺术品中。

#### 4.2.2.4 艺术重点

这种地景艺术与环境有关的艺术要点，是它直接在自然景物中运用处理的创作方式，所以作品多在了无人烟的半沙漠地区中创作。然而，有些作品则会在私人的土地，或建于残存的工业废弃区。事实上，这些艺术品大多放于露天的地方，所以它们也很受天气影响，因此有些会朝生暮死，瞬间存在而已。例如，最为人所认识的史密斯逊在大盐湖所作的《螺旋状防波堤》，由黑色玄武岩、盐结晶体、泥土、红水（海藻）形成螺旋形，有1500英尺×15英尺，但因《螺》受水平线的改变，已被淹没了。其实这些艺术品并非随意所作的，艺术家必须考虑该地的天气、物料等因素而进行创作，当然也要保留物料的外貌和美感才行。创作步骤有点像建筑设计，但它较侧重整体的自然美和作品与环境的关系。

#### 4.2.2.5 地景造型艺术案例介绍

Patricia Lenghton和Del Geist是一对夫妻，分别从事公共景观设计行业超过25年和35年。他们主要的地景作品在美洲、欧洲，最近的大多数作品在韩国。并且Leighton创作了8个新作品在联合国教科文组织评为的世界遗产的沿海湿地的顺天湾生态公园（韩国）。

图4-43是这对夫妻完成的名为Passage的地景艺术作品。该作品用锌镀铁材料做成，包含5块寒武纪石头。整个面积有1000英尺×300英尺。他们在做这件作品以前，就已经做过地景艺术作品，但是两者运用的是不同的手法。Patricia在这件作品之前就做过一系列站立的石头元素的作品。而Del Geist是在迈阿密的都市艺术博物馆中心用铁材完成的地景作品。Patricia认为他们决定

图4-43 Passage，Patricia Lenghton and Del Geist，2004

在创作开始之前去那个场地是正确的。在一次采访中说道："我们去查勘那块土地，感受它，解读它，探索它的历史和地理，并且注意到它所有的自然特征，很快，我们就能渐渐地和它交流，有时甚至可以用直觉去反映。这样，你就能到达一个很重要的决定关头，指导你接下去的创作。"

Barum Stenning是一件将他们夫妻创作风格完全融合的一件作品。这件作品用了12个铁结构，2个修剪绿篱，总共200英尺×500英尺（图4-44）。

Sawtooth Ramps，Patricia Leighton的作品，36英尺×145英尺×116英尺，作品坐落在苏格兰金字塔商业公园（图4-45）。

图4-44 Barum Stenning，Patricia Leighton and Del Geist，2007

图4-45 Sawtooth Ramps，Patricia Leighton，1993

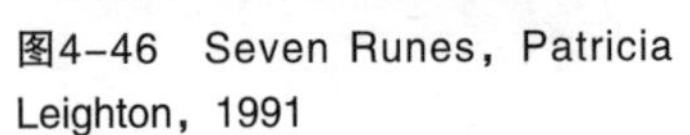

图4-46 Seven Runes，Patricia Leighton，1991

图4-47 Jeju Pasu，Del Geist，2010，10.5×3.2×4.2ft

图4-46是Patricia Leighton在1991年创作的名为《Seven Runes》的作品，该作品是由7个15英尺×6英尺×6英尺的石化珊瑚石和大理石凿制而成。作品坐落在Pompano沙滩（美国，佛罗里达）。图4-47是名为《Jeju Pasu》的作品，它是由含有熔岩的玄武石做成。作品尺寸为10.5英尺×3.2英尺×4.2英尺，被陈列在济州美术馆（韩国，济州岛）。

## 4.2.3 水景造型艺术

水景造型艺术，本来就是以水为载体。哪里有水，哪里就有水景造型艺术。水这种遍及全球公共环境设计的要素，对处于各种文化氛围的人们来说，一直都是具有魅力和灵感的源泉。

### 4.2.3.1 水的形式及特征

**1. 水的基本形式**

| 自然界水的形式 | 公共空间中水景设计的基本形式 |
| --- | --- |
| 江河、溪流 | 动态水景 |
| 湖泊 | 静态水景 |
| 瀑布 | 跌落水景（落水） |
| 涌泉 | 喷涌水景（压力水） |

（1）静水

静水的特点是宁静、祥和、明朗。它的作用主要是净化环境、划分空间、丰富环境色彩、增加环境气氛。静水的景观特质是：

①色彩：水本无色，但随着环境的变化与季节的更替，也会表现出变化无穷的色彩感，如青、白绿、蓝、黄、新绿、紫草、红叶、雪白等，结合水自身的特质，具有朦胧通透的色彩。

②波纹：水面产生波纹，会使水面呈现不同的画面，给公共环境景观带来不一样的风光。

③光影：在光线的作用下，水面对物体会形成倒影、反射、投影等景观效果。

a. 静水的类型

规则式水池：其平面可以是各种各样的几何形。

自然式水池：平面曲折有致，有聚有分，宽窄不一。小型水池。形状宜简单，周边宜点缀山石、花木。

较大的水池：以聚为主，分为辅。

狭长水池：蜿蜒曲折为主。

山池：即以山石理池。周边置石、缀石要有断续，有高低，可设岩壁、石矶、断崖、散礁。水面设计应注意要以水面来衬托山势的峥嵘和深邃，使山水相得益彰。

b. 静水水面的形成是由水际线的变化表现出来的。

（a）水庭以水池为中心，水充满整个庭院，具温柔、活泼、开朗、宁静的性格，形成一种向心的、内聚的空间特性。北海画舫斋虽有天光云影，但无山林野趣。

北海静心斋亦为回廊环抱的水院，但在池中置象征须弥山的八山九海石打破水面的平静、方正，增加了动感，颐和园谐趣园水面自然、曲折富于变化。“知鱼桥”分隔水面空间，颐和园谐趣园水面自然、曲折富于变化。“知鱼桥”分隔水面空间。

（b）小水面多采用变化单纯的水际线，常以中央一个较大的水面，边角附一两个小水湾。这种水面要“宁空勿实”。

（c）小池与潭

巧妙运用各种小池、潭等小小的水面，使局部小空间环境更有活力。可自然式，也可规则式。在建筑群或局部空间对称或较严整的环境，用规则或部分规则、部分池岸曲折的小池。如网师园涵碧泉：俯视洞壑幽深，底藏渊潭，是一泓天然泉水，其旁有石刻“涵碧泉”（图4-48）。

图4-48　网师园涵碧泉

（d）静水面的光影效果

通过水环境周围的景观环境，包括人工造

景、水装置设置、灯光设置等，利用水的物理特征制造景观效果。

（e）静态水面倒影的利用

《园冶》中常提到的“借景”，在静态水面的倒影的利用得到体现。我们可以通过水的倒影让岸边的景观在竖向方向做延伸。

（f）湖、池设计

一般我们说的湖、池的设计，指的是驳岸设计。驳岸设计是水景观是否能得到充分展现的重要环节。一般会结合现状环境、水文地质条件、人文要素，展现出湖、池设计的不同个性特征与地域特色。

（2）动水

①流水

存在形式：河、溪、涧、人工修建的运河、输水渠等。

特点：多为连续的、有急缓深浅之分的带状水景。有流量、流速、幅度大小的变化。其蜿蜒的形态和流水的声响使环境更富有个性与动感。

②落水

指水源因蓄水和地形条件的影响发生高差的变化而产生跌落。下落形式影响因素：受落水口、落水面构成的不同。

典型的落水形式：线落、布落、挂落、条落、多级跌落、层落、片落、云雨雾落、壁落等。不同的落水带来不同的心理及视觉享受，时而潺潺细语，幽然而落，时而奔腾磅礴，呼啸而下。

③压力水

指水受压后，以一定的速度、角度、方向喷出的一种水景形式，喷、涌、溢泉、间歇泉等，都呈动态的美，具有强烈的情感特征，也是欢乐的源泉。而水姿也犹如喷珠吐玉，千姿百态。

**2. 水的设计特性**

（1）可塑性

水无形，但是又因为容器、边界让它有形。在水景设计中，常摹仿大自然的江、河、湖等形状各异的水体，并将其浓缩于园林中。一般水的形状是由岸的性状表现出来的。

（2）水的状态

或静、或运动，水景设计因此分为静水和动水两类设计。水的状态不同，在公共艺术景观里面呈现的效果也不同。

（3）水的音响

运动着的水，都会发出不同的声音效果，使原本静默的景色产生一种生生不息的律动和天真活跃的生命力，水的设计也应包含水声的利用。

（4）水的意境

水与周围景物结合，表现出或悠远宁静、或热情昂扬、或天真质朴、或灵动飞扬的意境。水的设计是意境的设计。

（5）水的力量

水有张力，有重力。通过一些水景设备可以让水的力量展示出来。

### 4.2.3.2　水在造型中的作用

**1．基底作用**

水有托浮岸畔和水中景观的基底作用。同时，它能产生倒影，扩大和丰富景观空间的作用。

**2．系带作用**

水面具有将不同的、散落的景观空间及园林景点连接起来，并产生整体作用。

**3．焦点作用**

通常将水景安排在向心空间的焦点上、轴线的交点上、空间的醒目处或视线容易集中地地方，使其突出并成为焦点，如喷泉、瀑布、水帘、水墙、壁泉等。

### 4.2.3.3　水景设计的基本要素

**1．水的尺度和比例**

过大的水面散漫、不紧凑，难以组织，浪费用地；过小的水面局促，难以形成气氛。水面的大小是相对的，关键在于掌握空间中水与环境的比例关系。同样大小的水面在不同环境中所产生的效果可能完全不同，小尺度的水面较亲切怡人，适合于宁静，不大的空间；尺度较大的水面皓瀚缥渺，适合大面积的自然风景，城市公园和巨大的城市空间或广场。

**2．水的平面限定和视线引导**

用水面限定空间、划分空间有一种自然形成的感觉，使得人们的行为和视线不知不觉地在一种较亲切地气氛下得到了控制，水面只是平面上的限定，故能保证视觉上的连续性和通透性。

利用水面的行为限制和视觉渗透来控制视距，获得相对完美的构图。

利用水面产生的强迫视距达到突出或渲染景物的艺术效果。利用强迫视距获得小中见大的艺术效果。（水面控制视距、分隔空间还应考虑岸畔或水中景物的倒影）。

### 4.2.3.4　水景的位置（在决定水景比例及风格之后）

1．人们会从什么角度观赏此景；

2．水中的倒影是否美妙有趣，池旁有无优美景物，或有无不雅的建筑物；

3．充分考虑立地条件（土质与房屋的关系）；

4. 自然式的水塘可以建立在一条幽径的末端，透过小路两侧的植物或者篱笆刚好可以看到水面；
5. 水景最好建在供电设备和水源比较靠近之地。

#### 4.2.3.5 水景的音响设计

声音与环境的景观特质、环境的功能要求、空间的尺度密切相连。能使人心情愉悦，有益于健康，但有时也会成为让人心烦的祸首。如果较大空间的水声运用在较小的空间内，会产生压抑或嘈杂的感觉，尤其在需要安静地环境中更是要控制水声。对于不同的水态应采取不同的方式进行音响的调节。

**1. 喷泉**

设计喷水池时，当喷泉水从空中直接落入池中时，会产生较强的音响，而在下落过程中放置一块石板，声音则会变得尖细，而如果换成金属或是瓦器，则可以产生更高的音调，长满苔藓的石头，能起消音的作用。

**2. 瀑布**

瀑布下的岩石与水流撞击能产生多种音调。一个设计成功的瀑布，应该包括从高音到低音多种声音效果。

自然式瀑布在主体结构完成后，声音通常还是可以通过岩石对水流进行分支或汇集，也可改变流水量来调节音调。

规则式的落水，如叠水等，一般只能产生出一种声音，但可以通过不同宽度与高度的台阶变化来进行声音的组合，创造出和谐的效果。

**3. 流动的水体**

可以通过岩石的摆放角度来创造不同的音调。在城市环境中，许多流水形式被限制于规则式的水渠中，设计者往往通过在渠底上设置障碍物来达到声音的调节以及形成特定的水纹图案变化。

#### 4.2.3.6 水景的光影设计

**1. 反射和倒影**

水面的反射所形成的镜面效果可以作为水景设计的要素之一。水池的壁和底采用较深的颜色时，或水达到一定深度时，都会产生较好的镜面效果。池底是景观设计中重点考虑的一个要素。

**2. 倒影**

满溢的水会形成完整的镜面效果，在明亮的光线下会形成完美的倒影。下沉式水景在其紧靠垂直的地方会形成一道暗影，降低了镜面效果。有浅色的混凝土水池底部，或是有瓷片拼贴和塑胶条纹装饰池底，即使在小于3m深得水中也能从上面直接看到，严重影响了静水水面的倒影。

黑塑胶、柏油和泥质池底都能为形成较好的倒影，从而提供最佳背景，即使在只有30cm深的浅水池中也能形成较为完美的倒影（图4-49）。

图4–49　Kiftgate Garden里的水景花园，英格兰

### 4.2.3.7　水景设计原则

**1. 统一协调**

是指水景与所在环境空间的景观特质相互依存、相互衬托。统一性表现在水景的应用形式、

水景的观赏特性、水景的色彩表现等与其所在的环境空间相统一协调。具体可以体现在以下方面：水本身规则或不规则的运用形式；水的动或静的水态选择；白天与夜晚的色彩设计等的统一协调；环境中的人文统一协调；与建筑、植栽设计的风格与形式相统一等。

**2. 目的明确**

不同水景应用形式，产生不同的景观功能：纯粹对空间起着装饰作用；具有明确的主题（亲水特征和人性特点）。

营建水景要明确：要弄清楚水景设置的意义、所属公共空间还是私人空间、周围环境中是否会有许多儿童、水景是作为环境中的主要景观焦点还是仅仅是连接景观中各类构筑物的纽带等问题。

**3. 位置恰当考虑因子**

水源、气候特点、生态条件、环境条件等。任何多尘、多风地带都会给水景的营建带来阻碍。

**4. 安全可靠**

水质的好坏；水池、水道的防渗漏雕塑的安装水池的深浅设计围护设施的布置；尤其要注意对儿童的影响。

在欧美国家，一般无论营建的水景出于何种目的，只要是大型的水池，都必须以泳池的标准来安装过滤和氯化消毒处理系统。

"禁止入内"的标志，不能完全制止人们对水体的亲近和触摸嬉戏的好奇心理。

**5. 风格独特**

园林设计十分强调民族性与地方性，随着东西方文化与技术的交流，一些设计者只是简单地照搬照抄国外的水景设计，忽略了本地的环境特点与民族文化的内涵，使得水景景观不伦不类，与周围环境大相径庭，这些都是短视的结果。

### 4.2.3.8 水景设计优秀案例介绍

Random International团队直接在大楼旁架设一个喷水装置，平均每秒会落下三万公升的水量，站在下方不仅能感受到超大水声和浓烈的水雾围绕，可能还会产生在深山瀑布中修行的错觉。这个水景装置运用了水、玻璃喷嘴、铁制横梁、定制的硬件和软件。这件水景装置名为"Tower: Instant Structure for Schacht XII"，下方有集水回收设计，不至于耗费掉太多水资源，虽然不清楚现场实际感受到的水压如何、有没有强大到可以比美水疗效果，但从人们脸上High 翻的笑容看来，至少这个夏天心情有被治愈到了（图4-50）。

在爱丁堡这个主题公园内，这一台阶地形的主题公园景观设计，主要是用于雕塑展览的，所以，没有过多繁复的设计和景观装饰。当没有雕塑的时候，整个公园也并不会因为失去了展示的"主角"显得乏味，反而是看上去，也是格外的优美宁静。

图4–50　*Tower: Instant Structure for Schacht XII*, Random International, 2013.

该公园主要由绿色草地和水池两种元素构成，简单的元素构造背景，为雕塑展览提供了一个干净舒畅的空间。而公园内对于几何线条的运用，显示出设计师极高的造诣，可谓是得之于心。简洁的富于起伏变化的线条，让整个公园气韵流畅，几何规则的地形，气势在流畅中变得沉稳。再加之绿色草地和水的应用，无不匠心独运。虽简单至极，却也别具意蕴。特别是这里的水景，仿佛是嵌在绿色草地画布里的图案，运用简单的几何线条的岸线围合，让整个公园风格统一，体现出静谧的意境（图4–51）。

### 4.2.4　灯光造型艺术

公共空间中景观照明的发展建设在我国的起步较晚，改革开放以来，一些大城市认识到开发城市景观照明的重要性并得到不断地完善。进入21世纪，灯光造型艺术早已经超出了单独的泛光照明的范围，在国内外越来越受到人们的重视，现代都市中，人们的生活越来越丰富多彩，夜生活的时间也随之增长，各种照明设施延续了白天的时间，夜晚所呈现出美丽的灯光景观作为一种展示城市形象的“名片”展示在市民面前，开发城市夜景对于凸显城市个性、提升城市形象、发展艺术文化、美化城市环境就显得越来越必要。如北京长安大街及王府井景观照明工程、重庆

**图4-51 爱丁堡主题公园内水景设计**

"光彩"工程等。这些成功之作，对以后的景观照明工程起到了启示的作用。从单一的视觉刺激发展成为包括听觉、视觉、动感甚至味觉等全方位的感受体验。城市现代化的重要标志和城市繁荣的特征之一就是美丽的灯光夜景。设计者是依据自身的艺术修养和科技知识而创作，灯光的调度设计也应随环境及意境而变化设计，它不仅注重周围空间环境所产生的美学效果及由此对人们所产生的心理效应。因此，城市照明由理念跨入艺术领域，一切居住、娱乐、社交场所的灯光环境均应满足主题的表现和视觉的舒适性要求，使人们在现代都市的照明技术与艺术相交融中体验到高品位视觉享受。

#### 4.2.4.1 光的艺术表现力

城市环境及公共艺术设计中的光可以分为自然光和人工光两大类。自然光主要指太阳光源直接照射或经过反射、折射、漫射而得到的。古代是以日光来照明的。火光可谓是最原始的人工光了。随着时代的发展，人工光源的种类越来越先进。人工光可以产生极为丰富的层次和变化，设计的可能性相对较多，可以塑造除光以外的媒介几乎很难达到不同效果的魅力。

#### 4.2.4.2 光的功能

光能表现环境构成物形的特征，包括整体形状、造型结构特点、表面肌理等。如果没有适当地光，一些实体部件的立体感显示不充分，相互关系交代不清，易使设计中许多富有美感的特征起不到应有的作用。例如，有些优美的结构线脚或是凹凸起伏的墙体造型，若不是精心推敲光的照射与衬托，是不可能达到如此完美境界的。

#### 4.2.4.3 影响公共艺术照明设计的要素

1．照明与视度。在良好的公共艺术空间环境里，除了白天人的眼睛应当能够舒适地看到空间的组织及艺术品的形体外，晚上要达到这一要求，这就必须保证有足够的照度。在物理学中，把投射在物体表面的光强度称为该物体所接受的照度，物理单位为勒克斯（Lx）。要在一定的环境下看清某物体，必须达到相应的照度，无论是天然采光还是人工光照，首先都需要考虑照度的要求，这是照明设计的最基本要求。

2．色温及显色。光源的色温不同，就会产生不同的光色，相应地对环境气氛的渲染也不相同。色温即光源色品质的表征。光源的色品质，就是一个光源的光的色相倾向和色彩的饱和程度。对于色温与光源的色品质，可以认为，色温越高，光越偏冷，色温越低，光越偏暖。

3．灯具的类型。灯具是城市公共环境的重要景观，白天的灯丰富了城市的环境空间，夜晚的灯光更是美化城市环境的重要手段。

4．灯具的布置形式。平面形式：通过点、线、面光源，按公共艺术空间功能的需要组成各异的形态，既满足照明的需要，又起到装饰的效果。

立体形式：具有立体构成和雕塑的特点。现代材料的发展，使灯具的用材多种多样，有玻璃、金属、石材、纸张、羊皮、木材等，可以制作出质感、色彩、肌理各异的灯具。

复合形式：在公共艺术空间照明设计中，经常采用平面与里面的组合形式，来营造空间的氛围。

#### 4.2.4.4 公共艺术照明的设计与运用

**1. 公共艺术空间的照明方式**

公共环境中光的照明方式有泛光照明、灯具照明和室内透射照明三大类。

（1）泛光照明。泛光照明是指使用投光器映照环境空间界面，使其亮度大于周围环境亮度的照明方式。

泛光照明设计应注意以下几方面事项：

a. 不同角度

b. 主次分明

c. 效果差异

d. 光影变化

（2）灯具照明。灯具照明是指在环境空间中利用灯具的造型、色彩和组合，以欣赏灯具为主的照明方式。灯具照明能改善环境效果，强化夜间视觉景观，创造点状的光环境。

灯具照明设计应注意以下两方面事项：

a. 合理布置

灯具照明设计中合理布置灯具的位置十分重要。灯具在夜间会成为唯一的视觉焦点，其位置决定了夜间整个环境、形态的布局形态。

b. 灯具的表现力

灯具本身应具备较强的表现力，表现在造型上可以和水池、雕塑、建筑和景观等紧密结合。

（3）室内透射照明

室内透射照明就是运用建筑室内照明和一些发光体的特殊处理，光亮透过门、窗、洞口照亮映射室外空间的照明方式，从而突显光环境的节奏美和韵律美。

**2. 公共艺术空间中光环境设计的要点**

（1）注重白昼和夜间的效果。任何一个灯具的设计都要同时考虑白昼和夜间的效果。白天，灯具以别致的造型和序列的美感呈现在环境中；对于隐蔽环境设施，要注意其位置与附着物及遮挡物的关系，最好在白天也不易被发现，夜晚以其丰富多变的灯光色彩，创造出繁华的都市夜景。

（2）结合环境、烘托气氛。不同空间、不同场所的灯具与布局各不相同，灯具设计应在满足照明需要的前提下，对其体量、高度、尺寸、形式、灯光色彩等进行统一设计，以烘托不同的环境氛围。

（3）城市灯具照明不单讲究灯光的种类和灯具的数量，更要注意照明质量。在城市主要干道和快速道路中，同一类型的路灯高度、造型、尺度和布置等要统一、连续、整齐；而在有文化、历史、民俗特点的区域中，光源的选择、灯具造型则要与环境呼应并突出个性。

### 4.2.4.5 公共艺术照明设计的优秀案例介绍

图4–52，是在长木公园进行的布鲁斯·芒罗（Bruce Munro）的灯光设计展。此次《光之森林》的作品中，设计师在湖泊里放置了闪闪发光的CD，并将此作品取名为《荷花》，以表达对公园里标识性的荷花的敬意。

图4–53，Sam Scharf将麻绳缠绕在铁丝网上制作的艺术作品。巧妙之处是，一旦将灯光穿透这件作品，将会在界面上（墙面、地面等）投射出“Art work. Work the art. Art maker. The work work art.”字样。整件作品120英寸 × 27 英寸。图4–54，由Andi Steele将单纤维丝和光线配合做的名为《放射》的灯光作品。119平方英尺。

草间弥生（Yayoi Kusama）的全新镜屋作品与先前分别在英国Tate现代艺术馆与纽约Whitney艺术馆展出的“Infinity Mirror Room”和“Fireflies on the Water”一样，“Infinity Mirrored Room – The Souls of Millions of Light Years Away”（无限的镜屋：百万光年之外的灵魂）依旧是利用满布

图4-52　布鲁斯·芒罗的灯光设计作品《荷花》

图4-53　Sam Scharf，Artworker，2013.

图4-54　Emanate，Andi Steele，2013.

墙面、天花和地板的镜搭配上百盏彩色LED灯来不断反射一个星河般闪烁的世界。这是一个将空间与灯光设计结合到极致的一件作品。

《无限境屋》是一所人工打造的密闭幽暗空间，四面墙壁和天顶铺以巨大的镜子，地面也覆盖着水面，其间充斥着无数个LED彩色灯泡，每秒变幻着不同的颜色，配合镜面以及水面的反射，形成一个仿佛置身宇宙之中的浩瀚空间，四周布满闪烁星辰，效果极其震撼。由于观众人数限制每人只能呆约数十秒就必须出来。不知这是否是草间弥生建立无限境屋的初衷。我倒是觉得如果待得时间更久倒是更能感受到艺术家与浩瀚宇宙的连接性。虽然这也是草间弥生晚年的作品，与她早年的生殖系列恐惧作品感受到的氛围是完全不同的，（无限境屋体现的那种宁静与感动，就像是艺术家自己在传记中所描述的那种艺术所散发的永不停息的光辉一样耀人夺目）黑暗中数之不尽的星闪，让人有种迷失在宇宙中的错觉，美得让人屏息，同时也美得让人顿觉在无尽之中自己有多渺小（图4-55）。

图4-55 Infinity Mirrored Room - The Souls of Millions of Light Years Away，2013

# 第5章

# 公共设施设计

## 5.1 公共设施的概念

“所谓公共设施，是指城市公共环境中为人们活动提供条件或一定质量保障的各种公用服务设施系统，以及相应地识别系统。它是由社会统一规划的具有多项功能的综合服务系统及免费或低价享用的社会公共资本财产。”[1]也有文章认为，“公共设施设计泛指由城市公共环境所构成的一切人的活动领地所必备的设施规划与设计。它由两个部分组成：公共环境规划和公共设施设计。”[2]

那么，我们可以这么理解，就前者而言，可以按范围将公共设施归纳为如街道、广场、绿地、庭院、露天场地等的规划设计。就后者而言，我们可以按功能将其分类：a. 服务设施类设计，这是为了满足公众各种基本需求的设施（如休息设施、卫生设施、照明设施、信息设施等）。b. 景观设施类设计，这是点缀于公共环境中的装饰性设施或象征性设施（如喷泉、雕塑、壁画、花坛等）。c. 安全设施类设计，这是从公共安全或私密性的方面着想，为了避免事故和危害、保护私密性的设施（如防护栅栏、围墙、过街天桥、交通标识等）。

## 5.2 公共设施的设计原则

### 5.2.1 易用性原则

我们有时不得不在自动取款机前等待前面的老人一遍又一遍地重复错误操作，而无法施以援手。这就是公共设施缺乏易用性所造成的困扰。易用性（Usability）通俗地讲就是指“（产品）是否好用或有多么好用”。它是就有明确使用功能的公共设施设计时必须考虑的原则性问题，比如垃圾桶开口的设计既要考虑到防水功能，又不能因此使垃圾投掷产生困难，或是人们在使用自动取款机时，如何可以不再使用容易忘记的密码确认方式，如何可以在操作完成后记得取回银行卡。这些都是公共设施设计时应该考虑的易用性原则。

### 5.2.2 安全性原则

我们可以思考这样一个问题：“如果儿童在广场中玩耍时不慎被某些公共设施所伤害（如公共座椅的金属扶手、公共电话亭侧面挡板边沿），那么，这种意外伤害的责任较多的应归咎于设计者，还是使用者（这里特指儿童）呢?”多数学生认为责任应是儿童的玩耍调皮或父母缺少看

---

[1] 刘新. 无言的服务，无声的命令——公共设施系统设计. 北京规划建设，2006.

[2] 中央工艺美术学院工业设计系. 公共设施系统设计专业设置方案. 城市公共设计. 1997，5.

护造成的，只有少数学生认为是设计师的设计疏漏所引起的，笔者赞同少数学生的观点。作为设置与公共环境中的公共设施，设计时必须考虑到参与者与使用者可能在使用过程中出现的任何行为，儿童的天性就是玩耍嬉闹，这是不能改变的，而可以改变的是以儿童身高作为一个尺度，低于此高度的公共设施均应考虑到其材料、结构、工艺及形态的安全性，在设计伊始便尽量避免对使用者所造成的安全隐患，这就是公共设施设计的安全性原则。

### 5.2.3 系统性原则

通常情况下，在公共休息区内，或在公共座椅的周围应设置垃圾桶，而垃圾桶的数量应与公共座椅的数量相匹配，太多会造成浪费，而太少则会诱使随意丢弃垃圾的行为。可见，公共座椅与垃圾桶之间存在着某种匹配关系。再如健身设施周围相对集中的公共照明设施，便起到了引导人群使用的作用。而缺乏这种集中照明的公共设施，因缺乏引导性、安全性和交互性，在夜晚的使用率便相对较低。事实上，不仅如此，诸如卫生设施、休闲设施、便利性设施、健身设施等公共设施系统，它们之间及其内部均存在着自然匹配的关系，这种关系在设计时可以概括为系统性原则。

### 5.2.4 审美性原则

如前所述，公共设施对于市容市貌的营造有着重要的推动作用，功能良好，形态优雅的公共设施在满足功能需要的同时，还兼具美育的功能。因而，公共设施设计的审美性同样不容忽视，毕竟，功能良好与造型美观并不存在着不可调和的矛盾，一个设计合理且极具美感的公共设施，不但可以有效地提高其使用的频率，而且可以增进市民爱护公共设施，爱护公共环境的意识，增强市民对城市归属感和参与性。毕竟，文明的公共环境同样应该是美的公共环境。

### 5.2.5 独特性原则

有些学者不将公共设施划归工业设计的范畴，其主要原因在于工业设计具有机器化、大批量生产的特征。而公共设施设计往往采用专项设计、小批量生产的特点，这与环境设计的特征具有相似之处，因而较多地将公共设施设计视为环境设计的延续。事实上，随着当代加工工艺与生产技术的进步，早期工业设计的大批量化生产正在向今天“人性化”、“个性化”的小批量生产方式转移。设计中“人”与“环境”的因素已经摆在了突出重要的位置予以考虑，这一点与公共设施设计的基本特点是一致的。而公共设施设计的独特性原则就在于，设计者应根据其所处的文化背景、地域环境、城市规模等因素的差异，对相同的设施提供不同的解决方案，使其更好地与环境“场所”相融合。

### 5.2.6 公平性原则

与私属性产品不同，公共设施更多地强调参与的均等与使用的公平。主要表现为公共设施应不受性别、年龄、文化背景与教育程度等因素的限制，而被所有使用者公平的使用，这也正是公共设施区别于私属性产品的根本不同之处。公平性原则在设计中被表述为普适设计（Universal Design）原则或广泛设计（Inclusive Design）原则，在我国则较多地被表述为“无障碍设计”。自1967年以来，欧洲更多的使用“为所有人设计”（Designfor all）的说法。事实上，如果将无障碍设计含义只简单地理解为公共设施中盲道、坡道等专供行为障碍者所使用的设施，是很不完全的。这种设计原则应贯彻到所有的公共性产品之中，包括在任何一件公共设施中，设计者都应具体、深入、细致的体察不同性别、年龄、文化背景和生活习惯的使用者的行为差异与心理感受，而不仅仅是对行为障碍者、老年人、儿童或女性人群所表现出的“特殊”关照。

### 5.2.7 合理性原则

公共设施设计的合理性原则可基本表现为功能适度与材料合理两个方面。

所谓功能适度主要是指：公共设施单体在满足自身的基本功能的同时，不宜诱使使用者赋予其他功能。再以公共座椅为例：公共座椅的主要功能是为公共空间中穿行者或逗留者提供必要的休息，但这种“休息”的程度级别在于“坐”，而并非是“卧”。遗憾的是，许多城市的公共座椅长度被设计成大于150cm，中间又未设置扶手隔断，这样的座椅往往便成流浪汉的“睡床”，不但没有满足普通市民“坐”的需求，反而对周边环境产生负面影响。

所谓材料合理主要是指：公共设施的造价应与民众的普遍收入水平形成参照，设计师应优先考虑使用那些价格低廉、加工方便而又坚固耐用的材料，避免通过堆积昂贵材料的办法取得炫耀性的视觉效果。蓄意破坏公共设施的行为在任何城市都存在，只是发生的概率不同，市民的素质不应成为设计师规避责任的借口。事实证明，许多城市将铸铁下水道井盖替换成水泥材质之后，针对井盖的盗窃行为明显被遏制，这一例证有效地证明了材料的合理性对于保障公共设施不被蓄意破坏是多么的重要。

### 5.2.8 环保性原则

自20世纪80年代开始，生态环境问题逐步成为备受关注的焦点，在设计领域也逐步出现了倡导环境保护的“绿色设计”，如维克多・帕帕纳克1971年所著的《为了真实的世界而设计——人类生态学和社会变化》（DESIGN for REAL WORLD——Human Ecology and Social Change）和《绿字当头：为了真实世界的自然设计》（THE DREEN IMPERATIVE ——Natural Design For The Real

World）两本著作为绿色设计的发展做出了重要的贡献。绿色设计的三原则简称“3R”，即减少（Reduce）、再利用（Reuse）、再循环（Recycle）。现已广泛地应用于绝大多数设计领域。公共设施同样应贯彻绿色设计原则，这绝不是设计几个分类垃圾桶所能解决的问题，它要求设计师在材料选择、设施结构、生产工艺，设施的使用与废弃处理等各个环节都必须通盘考虑节约资源与环境保护的原则。

### 5.2.9 法制性原则

公共设施是国家的集体公共财产，国家为保护公共设施制订了一系列有关保护公共设施的法律、法规，如《中国人民治安管理处罚法》、《刑法》、《宪法》等对制裁破坏公共设施的违法犯罪行为做了具体的规定，对于故意破坏公共设施的行为要依法予以严厉惩处。这些法律、法规有力地维护着社会公共设施的正常运行，从而保障了社会生活的安定。我国《宪法》明确规定：“社会主义的公共财产神圣不可侵犯。国家保护社会主义的公共财产。禁止任何组织团体或个人用任何手段侵占或者破坏国家的和集体的财产。”我国处罚方法有警告、罚款、拘留、吊销执照等依照犯罪情况而定。

## 5.3 公共设施的分类及介绍

公共设施是由政府提供的属于社会的给公众享用或使用的公共物品或设备。按经济学的说法，公共设施是公共政府提供的公共产品。从社会学来讲，公共设施是满足人们公共需求（如便利、安全、参与）和公共空间选择的设施，如公共行政设施、公共信息设施、公共卫生设施、公共体育设施、公共文化设施、公共交通设施、公共教育设施、公共绿化设施、公共屋等。城市公共设施不同于农村公共设施，具体来说，城市公共设施是指城市污水处理系统、城市垃圾（包括粪便）处理系统、城市道路、城市桥梁、港口、市政设施抢险维修、城市广场、城市路灯、路标路牌、城空防空设施、城市绿化、城市风景名胜区、城市公园等。城市公共设施按收费与否，有收费和不收费之分。从空间布局来分，有全市性公共设施、区域性公共设施、邻里性公共设施三种。

### 5.3.1 公共信息设施

#### 5.3.1.1 公共信息设施的含义

当今，一个城市的现代化文明程度，包含着公众对环境的整体印象和总体评价，而社会民众通过视觉、听觉、触觉所接受的城市环境信息的便利完善以及感受到的印象非常重要。随着全球经济的发展，城市化的进程也加快了脚步，但城市的积弊也变得明显，其中最主要的就是识别性薄弱与亲和力欠缺造成的。特别是在如今这个国际贸易与旅游业发展迅速、交流和交往非常频繁地时代，一座现代化的大型城市如果没有公共环境信息导向系统的疏通，没有视觉识别系统的支撑，后果可想而知。

合理科学的公共环境标识牌设计，对人们在城市生活中具有重要作用，同时也体现了城市的良好形象。

公共信息设施包括电话亭、邮筒、电子信息屏、广告告示牌、导视牌等。

### 5.3.1.2 公共信息系统设施的设计特征

**1. 开放性**

既然公共信息系统的首要功能就是提供给人们查询和了解信息的作用，那么保证公共信息系统与人们顺利交流，并且让信息能便利地被大众受用，这就决定了它们必须具有开放性的特征。

**2. 大众化**

既然这个设施的受众群体是广大民众，那么，这就要求它的设计必须要迎合绝大多数人的使用需求，审美需求等。如此，就不能做出功能性和审美性太小众的设计。

**3. 个性化**

我们要求公共信息系统要大众化，并不意味着它的设计就要摒弃自身特点。而是应该根据设施所在的历史人文环境、自然环境、社会构成等，设计出优秀的作品。

**4. 综合性**

通常，一件公共信息设施不仅仅只承载一种功能。所以，各种功能的集合，需要我们根据人的物质需求和精神需求进行设计。

### 5.3.1.3 公共信息设施的设计原则

**1. 造型识别**

每种公共信息设施都有其内在较为固定的模式和设计原则，那么通过最直观的视觉刺激，可以一眼就让人们分辨出这属于哪类设施。

**2. 色彩意义**

不同的色彩在城市里的运用中也约定俗成地代表了一些意义。虽然公共信息系统设施的个体体积并不是很大，但是它们在城市环境中大量存在。通过在城市中对其进行色彩上的规划，可以使城市公共信息设施的表达上达到最优，可以改进有些城市公共信息设施色彩杂乱无章的状态。

**3. 材料质感**

既然公共信息设施会出现在公共空间的室内和室外，所以我们可以根据它们所处的空间类型、大小等来进行设施材料上的选择。通常我们会选用不锈钢、木材、石材、混凝土等材料。

**4. 比例尺度**

比例和尺度是我们一直提到的，它是设计美学里一条重要的原则。任何作品在设计中缺失了这个原则，会导致诸多问题，例如人们参与活动时没法顺利完成动作，或是视觉上毫无美感……另外，比例和尺度尤其在公共信息设施中，显得更为重要的理由是，它的设计要符合人体工程学，因为它是功能第一的设施类别。

**5. 隐喻象征**

建在城市里的公共信息系统设施，往往会承载城市的某些特质，能传达出这座城市的正面信息，所以，强调公共信息设施的隐喻象征，可以发挥出它隐含的美育和德育的功能。

**6. 体系的组合处理**

任何一种设施的设计都是一个系统的协调，所以我们在实际的设计过程中，都要综合考虑影响设施的各类因素，只有各个元素之间相互协调了，才能称为一个优秀的设计。

### 5.3.1.4 公共信息设施的设计

**1. 标识、告示及导向的设计**

城市公共环境标识设计的导入，有助于指导城市建设科学、有序、快速地进行。“城市公共环境标识设计”是指在特定的环境中能明确表示内容、性质、方向、原则以及形象等功能，主要以文字、图形、记号、符号、形态等构成视觉图像系统的设计；它是构成城市环境整体的重要部分，融环境功能和形象工程为一体。

标识标牌属于城市公共环境中的一部分，城市环境标识牌，是一个城市综合文明程度的标志，是一个城市规划和城市建设的反映。标识牌设计制作的功能性、协调性和合理性能反映出一座城市的文化蕴涵、城市管理及城市创新精神。现代标识、标牌导向系统是环境中静态的识别符号。它将单调的功能化属性更加具备观赏性，是整体形象再度提升的点睛之笔。

标志牌作为一种特定的视觉符号，是城市是城市形象、特征、文化的综合和浓缩，城市环境标识设计是伴随着经济的发展而发展的。具有民族个性、地方特色、功能与美观相结合的标识标牌，是现代城市中一道重要的风景线。现代发达国家在城市规划、建筑设计、环境营造当中已经将城市标牌设计作为整体环境的一项重要因素加以考虑。

经过20多年发展，我国城市建设取得了惊人的成果。然而在西方潮流的影响下，国内许多城市的规划及建设走向了“无差别风格”。这种简单的复制造成了城市之间的同一化，这就造成了城市识别性的薄弱。阻碍了城市的发展。城市形象，可以理解为对一个城市的整体印象。个性化的城市形象，是一种高度凝练的形式，其环境形象集中了城市的自然资源和人文创造的精华。

**2. 广告牌与广告塔的设计**

（1）广告牌

广告牌是室外一种传统的广而告之的形式。它可以在室外的很多空间形式中出现。比如建筑外立面、街道旁边、地铁站内部等。它的规模小，呈现方式灵活。广告牌是拉动系统中，启动下一个生产工序，或搬运在制品到下游工序的一个信号工具。这个术语在日语中是"信号"或"信号板"的意思。泛指一切传递广告信息的户外媒体。媒体大小按实际环境而定。

店招、门头、外立面的画面可以手工绘制、电脑制作或在纸上印刷的方式制作。广告牌的材料一般都是用：方管、角钢等焊接而成。可有三维板、灯布、吸塑、汽车烤漆、扣板、铝塑板等等。

（2）广告塔

①广告塔概念

广告塔又名擎天柱、T形牌、高炮，是一种大型的户外广告展示工具，一般立在道路两边，以高速公路居多，是目前高速公路、城市公路、立交桥或城市经较开阔的地方最常用的一种广告形式。

②广告塔分类

a．牌面尺寸分类为：4m×12m、5m×15m、6m×18m、7m×21m、8m×24m。高度为10~30m。

b．外形分类为：旋转广告塔、两面广告塔、三面广告塔、四面广告塔、个性广告塔、异型广告塔、风能广告塔、螺旋球广告塔等。

③广告塔的结构

广告塔塔头一般为钢架结构。立柱为钢管结构，地基为混凝土结构。现在也有少数网架结构的。塔头部分是一个长方形的或三角形的钢架牌面，由角钢、槽钢、圆钢管、方管、圆钢和镀锌板组成，设计施工按照在镀锌板外张贴喷绘画面，也可制作成三面翻和电子显示屏。

广告塔制作完成投入使用后，每年应安排专人进行维护保养管理，以保证安全，美观，长期的使用效果。

④广告塔的形式

广告塔从开始发展到现在，在广告界人士的不断创新发展下，涌现一些新型的、外观新颖的广告塔。特别是一些添加LED亮化照明的广告塔，晚上更是当地一道亮丽的风景。

广告塔主要形式是指以独立基础高耸于道路两侧等车流，人流较多场所的大型户外广告牌。随着我国经济的快速发展，伴随而起的户外广告业也日益兴旺。在单立柱广告牌的设计制作中，对其造型、规模及效益等方面的要求也不断提高，在满足广告效果的前提下，其结构与基础的安全性尤其重要，是大型品牌推广、政府公益宣传、形象展示、产品销售的常用户外媒体（图5-1）。

单立柱广告塔是树立在高速公路两侧的有一根立柱支撑的大型广告牌，现在常做的是18m×6m两面或三面的，有的地方做的甚至还大，这样就影响了单立柱广告牌的安全性，现在标准焊接式单立柱广告牌是由省级设计院设计图纸，精良的队伍施工，确保质量第一，安全第一的原则施工。

广告塔也可采用太阳能作为动力来源及照明，例如：太阳能广告塔、可以利用风能自由旋转、夜间利用太阳能照明等特点。

图5-1 美国纽约时代广场广告塔

### 3. 电话亭的设计

电话亭是一个矗立于街头，内有一部公用电话的设施，这些公用电话一般需要收费。电话亭通常设有透明或有小窗的闸门，以保障使用者的隐私之余，又可让人知道电话是否正在使用中。部分地区的电话亭内，会放置电话簿供使用者查阅。

早期的室外电话亭采用木材或金属制造，设有玻璃窗。一些较新设计的电话亭则采用塑胶或玻璃纤维，简单耐用之余亦可减低成本。电话亭外通常印有电话公司的标志及名称，以增强品牌形象。位于室内的电话亭，则可能设计得更简单。

电话亭在20世纪10年代于当时的工业国家开始普及，到20世纪80年代，收费公用电话开始较少被放在电话亭内，部分电话转移放在小档里。使用者谈话容易被听到，间接令使用者不要长时间占用电话。一些现代化的电话亭，除电话服务外，亦提供电脑数据连线、传真，或供听觉受损者使用的电话等服务（图5-2）。

### 4. 邮筒与邮箱的设计

邮筒，邮箱的一种，常见于街道上，是用来收集外寄信件的邮政设施，寄信人如果不便去邮政局，可以把信件投入就近的邮箱，邮差会定时来邮筒收集信件，回邮局，再分类、运输及派送。邮箱是邮政局的固定资产，它是便民设施。

邮箱在中国多是绿色，20世纪90年代在大连也曾见过红色的，后来又统一改刷成绿色，因为这是中国邮政的代表颜色。

相对于供投寄邮件的“邮箱”，收信人的私人收件设施称为“信箱”，通常放置于住宅入口，方便邮差派信。邮箱有多种类型，包括：挂在柱子上的、圆筒形、四方柱体、装在墙上的等（图5-3）。

图5-2　特色电话亭

图5-3　各式邮箱

### 5. 公共时钟的设计

公共时钟（英文：Turret clock）是一种比家庭的时钟大很多的时钟，旨在为公众提供可见的时间，比如刻度盘或者铃声，是一种为公共提供便利的机械装置。塔钟一般安装在建筑的高处，通常是专门建设的，如城镇教堂集会厅，以及其他公共建筑。最初时钟并没有被钟表匠称为塔钟，直到近代，一些老钟才被当地人视为塔钟（图5-4）。

图5-4　大本钟与日本札幌时钟台

## 5.3.2　公共卫生设施

公共卫生设施的设计内容日趋具体和多样化，反映了现代都市的环境卫生文明程度的提高、设施之间的共同作用使得城市整体的质量亦得以提高。公共卫生设施主要有垃圾箱、烟灰缸、饮水器、淋浴器、公共卫生间、垃圾中转站等设施，其设计原则是强调生态平衡的环保意识，都以体现方便使用、设计合理、完善结构的“以人为本”的设计观念，突出展示设施对改善人们生活质量发挥的积极作用。

### 5.3.2.1　公共垃圾箱设计

公共垃圾箱的主要作用是收集场所中被人们丢弃的垃圾，便于人们对垃圾进行清理工作，从而起到提高城市卫生质量、美化环境和促进生态和谐的作用。它主要被安置在步行街道、休息区、候车区、旅游区等场所，可单独存在实际功能，也可与其他设施一起构成合理地设施结构完成使用功能。

一般垃圾箱：一般垃圾箱的高度为60~80cm，宽为50~60cm，生活区使用的体量较大的垃圾箱高度则为90~100cm。常见的垃圾箱结构形式有固定式、活动式和依托式，造型方式有箱式、桶式、斗式、罐式等。垃圾箱的材料、造型或色彩要考虑与环境的搭配，要给人们卫生洁净的感觉和一定的特色性、艺术性。

固定式垃圾箱的支撑部分与地面连接成一体，不易被移走，方便保护和管理，一般设置在人流量较少的街道或休闲场所。

活动式，可移动，便于维护和更换，适用于人流和空间变化较大的环境场所。

依托式：体量设计较为轻巧，固定依附于墙面、柱子或其他设施界面上，适用于人流量大、空间狭窄的环境场所。

垃圾箱的设计要求有：

设计造型便于投放垃圾：便于人们在30~50cm的距离时能轻易地将垃圾投入其中，人流量较大的场所，匆忙穿行，经常有“抛”垃圾的一些行为，故开口设置尽量大一些。

造型结构便于清除垃圾：垃圾清理的方式在垃圾箱的结构设计中是很重要的一点，一般的箱体内设有可抽拉式的垃圾套体或方便更换的塑料袋。通常垃圾箱体还具有一定的密封性，同时也要考虑其内部的通风性和排水性的结构处理。

注意防雨防晒：防雨防晒的措施，一方面可以通过造型特征来解决，另一方面主要是通过材质来实现。造型特征主要是指垃圾投放口的上部遮挡形式的造型处理，这部分的设计要根据实际使用要求而定；垃圾箱的材料多为铁皮、铸铁、铝合金、硬质塑料、玻璃钢、釉陶、水泥等。

场所的使用要求定位：垃圾箱的类型、位置和设置的数量，应根据所处不同场所在一定时间内的垃圾投放量、清除次数等因素来进行相应的设计。如在人流量大的交通节点，或休闲场所的休闲区域等，大量垃圾为纸袋、空瓶、塑料袋等，垃圾数量多、清理次数多，所以此处放置的垃圾箱应具有数量相当多、容积适当小、开口尽量大等特点。

与环境的协调统一：垃圾箱的形态、色彩、材质等所表现出来的特征，应与整体环境的特征相协调统一。垃圾箱除了本身的使用功能外，我们并不要求它具有装饰作用，而是尽可能要简洁大方。

分类垃圾箱：垃圾箱的分类和回收再利用方式体现了现代社会的文明发展程度。

分类垃圾箱的设计要求：确保色彩的分类效果，标志的分类应用。

色彩的分类效果：在对垃圾箱进行分类设计时，应用色彩对分类箱体进行区分是较为直观的方法。一般用绿色代表可回收垃圾；黄色代表不可回收垃圾；红色代表有害垃圾。虽然国际上还没有对垃圾分类规定有严格统一的色彩要求，但是各地根据地方的用色习惯，分别应用于分类垃圾箱的色彩当中。

标识的分类应用：垃圾箱上配以文字和图形的标识也是分类垃圾箱造型设计的表现手法。单纯利用文字来区分的适用范围有限，而加以色彩和图形的标识作用就更有效地将垃圾进行分类。

#### 5.3.2.2 公共饮水器

公共饮水器是在公共活动场所内为人们提供安全饮水的设施，这类公共设施在较为先进的欧美国家经常见到，但是在我们国家却很少设置。它的设置要求人们具有足够的文明意识，同时还需要城市给排水工程的完善建设，确保饮水器的安置不仅仅是摆设，而能够真正地向人们提供卫生安全的饮用水。它主要被设置在城市广场、休息场所、道路出入口等视觉区域。根据需求量和无障碍设计原则，饮水器分为独立式和集中式（多个龙头）。公共饮水器的结构主要分为水龙头、开关水盆、支座、给排水管。其中水龙头、水盆多采用定型产品，给排水管安置在支座内部，支座成为饮水器设计造型的重点之笔。

设计要求：

一般设置在人口流量较大、较集中的城市空间中，采用石材、金属、陶瓷等材料。

造型可采用单纯的几何形体或组合，也可采用象征性的表现形式，在除了体现本身的功能以外，也表现出一定的乐趣和视觉美感。

考虑到无障碍设计的要求，饮水器采用不同的出水口高度设置，或在饮水器基部设置台阶来调整高低需求，通常使用高度为100~110cm，较低的为60~70cm。

注重与地面接触的铺装处理，要求具有渗水性能（图5-5）。

**图5-5　海德公园内公共饮水设施**

#### 5.3.2.3 公共卫生间

公共卫生间的设置是表现城市文明、突出以人为本的必要设施构筑物。一般公共卫生间被设置在城市广场、街道、车站、公园、住宅区等场所。街道卫生间常以700~1000m为间距，商业区或居住区以300~500m为间距。人口较为密集和流量较大的区域以300m内为间距进行设置。卫生间的数量设置要根据实际情况而定。它的造型设计、内部设备结构处理和管理质量，标志着一个城市的文明发展程度和经济水平高低。

公共卫生间的设计要体现卫生、方便、经济、实用的原则，它是与人体紧密接触的使用设施，所以它的内部空间尺度要求应根据人机工程学的原理。如卫生间隔间长度尺寸一般为1~1.2m，宽0.85~1.2m，小便站立式便位尺寸深为0.7m×0.65m，间距0.8m。还有不同形式的走道宽度或单体高度等。

公共卫生间根据它的形式特点可分为固定式和临时式。固定式一般与小型的建筑形式一致；临时式是根据实际场所的灵活需要而设置，可随时拆除或移动。公共卫生间的设计要求是：

1．与环境特征相协调。公共卫生间的设计要尽量与周围环境协调一致，要容易被人识别，但又要避免过于突出。为了便于人们识别利用，可结合标识或地面铺装处理来引导。

2．设置表现方式

为了与环境协调，在城市的主要广场、干道、休闲区域、商业街道等场所，多采用与建筑物结合、地下或半地下的设置方式。

在公园、游览区、普通街道等场所，所采用半地下、道路尽头或角落、侧面半遮挡、正面无遮挡的设置方式。

场所中需要临时设置的活动式公共卫生间。

3．环保设计的运用，用水、除臭、排污是公共卫生间要解决的难题，用水和排污处理主要是靠排水工程的完善来完成，除臭主要是靠卫生间的结构形式来解决。现在具有节水环保作用的免冲水装置和自动控制水开关的设置等应结合实际情况推行。

活动范围内的安全考虑：无障碍设计的要求（如扶手的位置、残疾人的专用厕位、不同高低的设备设置等）、地面的防滑、避免尖锐的转角等。

防范犯罪活动：考虑照明的加强、内部空间结构的简洁处理等。

4．配套设备的设置。公共卫生间的配套设备要保证齐全和耐用，一般设置手纸盒、烟灰缸、垃圾箱、洗手盆、烘干器等，满足人们的使用要求。

### 5.3.3 公共交通设施

公共交通设施包括公交车候车亭、拦阻设施、地面出入口、人行天桥、自行车停放设施等与交通安全、便利等方面有关的设计。它的设置不仅使人得到足够的安全感，而且对整个城市的环境规划和街道布置起到促进和完善作用。

对于负责管理城市主管部门来说，一个好的候车亭应该是维护成本低、并且可以抵御人为破坏；对于乘车者来说，一个理想的候车亭应该是识别性好、容易上下车、舒适、便利、安全，并能提供有用的信息。

#### 5.3.3.1 公交候车亭设计

公交车候车亭的设计效果一定程度上能够反映城市的文化和经济发展水平。一个好的公交候车亭是任何成功地城市公共交通系统中必不可少的组成部分。

**1. 候车亭的功能分析**

| 候车亭功能分析 | 候车亭设计模块 | 特点及要求 |
|---|---|---|
| 指示功能 | 站牌 | 信息传达要准确，识别性强 |
| 信息查询功能 | 信息查询平台 | |
| 休息功能 | 休息座椅模块 | 满足人短时间休憩要求、坚固耐用、易清洁 |
| 信息传递功能 | 广告牌、广告为模块 | 信息传达清晰、同时考虑白天夜晚两种时间效果 |
| | 售卖模块 | |
| 提供照明 | 照明模块 | 提供良好的光环境，有节能、环保要求 |
| 维护功能 | 维护功能模块 | 天棚、立面、栏杆，起到围护、采光、照明、遮阳的作用 |
| 服务功能 | 服务功能模块 | 垃圾箱、垃圾桶、电话机、公共厕所，挖掘用户潜在需求，提供贴心服务 |

候车亭的规模是由客流量、场地的空间条件和人群的实际需求所决定的。

**2. 候车亭的设计主题**

设计主题就像一个人的灵魂，它能赋予产品以生命力。

候车亭设计主题的确立受到一些基本条件的影响，同时也反映了所在区域的特色。

影响因素：

（1）建筑风格。建筑风格的影响对候车亭设计主题的确立起着至关重要的作用，特别是具有地域风格的建筑其影响更加明显，也更具特点。

（2）自然元素。包括自然界中的植物、动物、山水或者自然现象（云、风、海、海浪）等。要选择那些能体现积极向上的、美好的事物；或者具有地方特色的典型事物。

（3）人文风俗。包括了当地的文化特征、风俗、服装、当地居民审美特征等。

设计师也往往从人文风俗这个角度入手，力求设计的独特性与和谐，最真切地反映当地人民的精神风貌。

（4）材料特性。每一种材料都具有其特有的成型特征。我们在设计时就应该充分发挥这种材料的特性。

**3. 候车亭的设计要求**

①在形象上，候车亭设计应体现一定个性，反映城市文脉和建筑、环境的特性；

②在视觉上，应具有易识别性和自明性，同一路线的候车亭的形态、色彩、材料、设计方式等要统一连续，站牌要统一，视觉识别要清晰；

③在安全性上，使用具有耐久性，结构牢固安全，应达到防雨、抗震、抗风、防雷、防盗的要求，要符合消防验收的规定；

④在使用上，充分考虑人的行为习惯，还可与其他设施组合配备；充分考虑弱势群体的需要；

⑤在日常维护上，部件要易于替换与维修；

⑥在整体上，构成候车亭的各要素必须综合考虑，作为整体统一协调设计。

**4. 候车亭案例介绍**

罗利公交车站，设计方：Pearce Brinkley Cease + Lee建筑事务所，这个车站坐落在美国的北卡罗来纳州的罗利。这个公交车站项目是一个简单但是细致的由两个相互对比的元素组成的结构，一个是厚重的混凝土墙壁，它是主要结构，形成一个凳子，还有一个钢铁的盖顶系统，两个结构是在工厂生产的，然后再拉到现场进行组装，从立面和剖面上讲，墙壁与盖顶相互交织，形成两个L形的组合，盖顶表皮是由压层的聚碳酸酯组成，它进一步表达了盖顶的轻盈性和半透明性（图5-6）。

图5-6 罗利公交车站候车亭

### 5.3.3.2 自行车停放亭设计

自行车是我国目前使用数量最多、最普遍的交通工具，自行车在空间环境中的摆放成为解决环境景观整体效果的一个问题，同时防盗问题也是该类设施设计的要点。

现状：自行车摆放不规律，大多数与栏杆或树木用锁链锁在了一起，这样严重影响了城市环境的美观性和整体性。

**1. 自行车停放处形式**

（1）平面式存车场

一般设置于道路边或广场周围，具有遮蔽设施，在住宅区建筑面前也经常使用。有照明设施，并附带导向标识，存车面积约1$m^2$/辆。

（2）阶层式存车场

在国外为了有效地使用土地，而采用阶层式停车场。一般设置于地铁站附近和繁华街边，虽然建造费用较高，但存量大，利用动线短。存车面积约为1.5$m^2$/辆，规模大的阶层式停车场其存车面积约为1.1$m^2$/辆（因包含阶层的斜道的建筑面积），一般地上二到三层。

（3）立体智能化

繁华地带需要存放大量的自行车，平面式和阶层式的存车场已不适应需要，对市容的影响也会产生欠美观的作用。为此，近年存车场向立体化、智能化方向发展。但目前使用这类停车场在存入和取出时花时间过长。

**2. 自行车停放处的设计要点**

（1）标识性

即语意传达性，通过各种设计手段传达“停放自行车之语意”特征；

设计手法之一：“自行车”形象符号之运用。

设计手法之二：标识系统。

（2）多功能性

自行车停放处可以与其他公共设施进行系统设计，如树木维护、照明、绿化等。这样做的目的不但可以合理地利用空间，而且又可以与其他设施更好融合。

（3）艺术化

艺术化表现在自行车停放处设计上的审美性上。

设计手法之一：采用自然元素符号（包括动物、植物、人等）。

设计手法之二：采用地域特色符号

设计手法之三：采用历史元素符号

设计手法之四：采用几何元素符号

**3. 自行车停放处案例介绍**

和中国一样，丹麦自行车人均拥有率也居世界前茅，是一个自行车大国。据官方统计，10个丹麦人，9个有一辆自行车，每8个人中就有1人每年购买一辆新自行车，这不能不说是个真实的“童话”。丹麦人骑自行车是幸福的，他们拥有完善的交通规划和法律措施来保证出行者的安全。自行车的停车费用也是完全免费的。那么我们看看在丹麦，自行车的停放处设计能不能也给我们这个自行车大国带来启示。从图5-7中依次可见丹麦政府为民众设置的专用的自行车道，平面式停车场、阶层式停车场、智能化立体停车场。由此可见，虽说丹麦人的自行车出行率如此之高，但是由于优化的公共设施的设计，会对众多自行车进行有效的疏通和管理。

**图5-7 丹麦自行车停放处设计**

### 5.3.3.3 其他交通设施设计

**1. 拦阻设施**

顾名思义，用来阻拦人流或车流或是疏导人流或车流的道路设施。因为它有一定的阻拦性，间接地，它也会对交通有一定的疏导作用。譬如，这条路设置了拦阻设施不让通过，配合其他的标识系统，可以帮助引导人流或车流往应该走的方向运动（图5-8）。

**2. 过街天桥**

过街天桥是马路两边架设的桥，是现代化都市中协助行人穿过道路的一种建筑，修建过街天桥可以使穿越道路的行人和道路上的车辆实现完全的分离，保证交通的通畅和行人的安全。

图5-8　道路拦阻设施

图5-9　西班牙巴塞罗那过街天桥

图5-9中的过街天桥，在超高车辆通行时，还可以升起来以便通过。

### 3. 地铁出入口

地铁是城市交通枢纽的重要组成部分，它的出入口设计也成为了城市公共景观一道亮丽的风景。图5-10中是德国法兰克福Bockenheiner Warte地铁站具有奇怪的入口，好像一辆火车在人行道中间爆炸，并沉入地下。

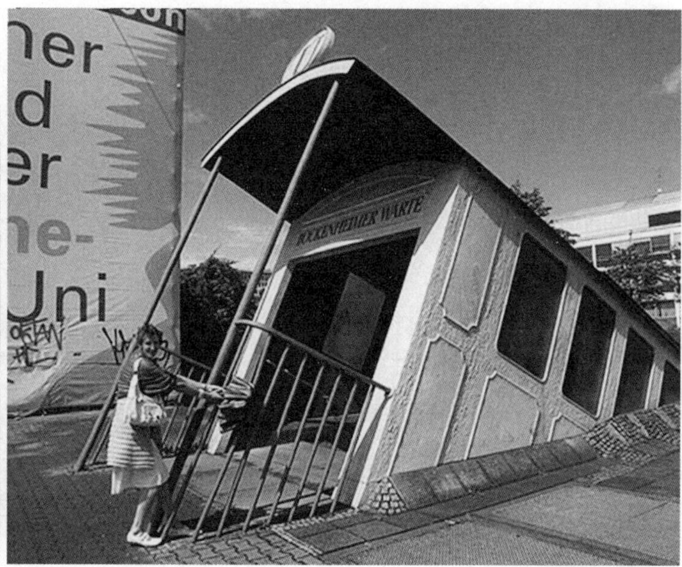

图5-10　奇特地铁站出入口设计

## 5.3.4 公共休息设施

在城市公共空间中，公共休息空间是相当重要的一部分。如果说城市公共空间是个相对比较大的概念，那么休息空间，就是贯穿其始终的，有相对独立的功能，又从属于城市公共空间，并和整个公共空间密不可分的一个相对微观的环境。休息空间会满足人们基本的休息需求，也为人们提供相互接触和交往的场所，它与人们的生活方式和行为方式有着密切的关系。方便宜人的休息空间会在一定程度上改善城市景观，并对人们的社会交往起到积极作用。

### 5.3.4.1 公共休息设施设计的定义

按照人们的需求而设计的休息场所和空间，是一种相对静态的空间环境。人们会在这种环境下边休息边交谈、眺望景色或是饮食等。一个步行的人，不仅仅有行走的行为，也会有驻停的行为。人需要休息，这是人得生理特点决定的。而休息，也不仅仅包括体能的休息，也包含了人的情绪、思想等综合性心理因素。以上的人们的需求，构成了基本的休息环境的特征，也是公共休息设施设计的前提要求。

可见，城市公共休息设施是指由政府或其他社会组织提供的、给社会公众使用的供休憩的设施。它是公共设施中重要的组成部分，也是公共空间中常见的基本设施之一。一般意义而言，公共休息设施系统是由座椅、凳、遮阳伞、亭台等元素构成，但是在这里，我们应该摒弃那种把休息设施与座椅、坐具混淆的常规概念，在进行设计理论分析时，倡导应该从动词出发而不是从名词出发，把“休息”这种行为当作设计的出发点，这样一来，休息设施的定义就宽泛了许多，也将人们的研究方向从表象转移到实质。

城市公共休息设施的实际功能意义：为停留、交往、游戏、观赏等目的所设，满足热门的生理和行为需要，同时也与周围环境相互协调，必要时可以和其他的公共设施联系在一起，做系统化设计。

城市公共休息设施作为一种符号而存在，反映特定的历史和文化、地域特征和独特的个性，反映时代的特点和风格。

### 5.3.4.2 公共休息设施特点

一般性的休息设施，主要是指座椅，其广泛出现在家庭、办公、商业等场所，是一种最普遍的室内家具。它种类繁多，在造型和细部设计上更为精细，更加追求“舒适度”和“美观性”。由于一般安置在室内，所以在材料的选择上也更为丰富多样，在制作工艺上也有更多的选择性。它和城市公共休息设计一样，也要追求和周围环境（主要是室内环境）在造型、色彩、材质等方面的协调性。

城市公共休息设施区别于一般性休息设施的特点，在于其“公共性”和“交流性”，它一般放置在户外空间环境中，或是户内外相交的灰空间里。其所处的环境就决定了它提供人们交流和交往的舞台；它处在“公共”的场所里，所以也是“公共”的休息设施，是供所有处在这个场所的人公用的，而非像一般性休息设施那样，是个人使用的物品。城市公共休息设施在材料选择上和一般性休息设施相比，有所不同，因为考虑到要与周围自然环境的协调，所以往往使用一些自然材质，如木材、石材等，而在一般性休息设施中常常使用的纤维纺织类材料，则一般不会使用。

### 5.3.4.3　公共休息设施的类型及设计原则

提到休息设施，人们一般会想到街道上随处可见的休息座椅，公共座椅是城市公共休息设施的一种主要形式，此外还有几种形式的休息设施。公共休息设施分类如下：坐具，廊、亭、榭等建筑物或构筑物，辅助性休息设施等。

**1. 坐具**

坐具包括椅、凳等，就像在室内椅凳是最基本的家具一样，椅、凳在公共空间中也是最常见最基本的休息设施形式。设置椅凳的地方，会自然而然地成为人们聚集、逗留的场所，座位的数量越多，场所的公共性就越强。坐具的造型一般分为椅、凳两种形式。这两种形式是两种不同的形态概念。“凳”很多时候会以建筑物附属构筑形式出现，长度不等，设置在建筑走廊、花架下等处，人们可以在上面进行坐、躺、下棋等行为，可以按照人们的意愿来使用。“椅”的造型则会附设靠背，有时也会附设扶手，与“凳”的造型完全不同。椅不仅承受人臀部的重量，还支撑着人的腰、背以及手腕等部位，这就更好地解决了人在坐姿情况下的舒适度问题，也会吸引人们长时间的逗留。

椅凳的造型，可以分为以下几类：

（1）单座凳：没有靠背和扶手，可以作人们短暂休息之用，面积较小，因其没有方向性，故在配置组合上较为自由。单座凳的面长、宽度尺寸较为自由，一般为330~400mm，座面高度一般400mm。在广场中使用单座凳，使用者可以进行自由组合（图5-11）。在街道、公园、广场周边使用单座凳，除了供人休息外，也可以兼做路障。兼作路障用的单座凳，因其有一定

**图5-11　单座凳阵列方式，左单座凳采用的是连续阵列的方式，右采用的是自由组合方式**

的高度和尺寸要求，其尺寸一般会比普通单座凳略小：面宽200~300mm，面长150~250mm。高300~600mm。单座凳在放置上可以分单体和组合两种方式。单座凳常见的组合方式，有点状阵列方式、连续阵列方式（图5-12）和自由组合方式等。采用哪种排列方式要看具体环境而定。

（2）单座椅：一般座面宽400~450mm，相当于人肩的宽度，高度一般为380~400mm，以适应人脚部到膝关节的高度，附设靠背的座椅靠背长度一般为350~400mm，若是供人长时间休息的座椅，其靠背斜度应加大，一般与座面倾斜度为5度。一般会呈现一定的秩序，被应用在公园、广场、步行街到等处，有户外餐饮的餐厅酒吧等场所，也会经常使用单座椅。单座椅的组合方式也有点状阵列方式、连续阵列方式和自由组合方式（图5-12）等。图5-12左单座椅采用的是环形阵列的方式，右采用的是自由组合方式。采用哪种排列方式要看具体环境而定。

**图5-12　单座椅阵列方式，左为环形阵列的方式，右采用的是自由组合方式**

单座椅在类型上还可以分为固定式和非固定式。固定式单座椅一般会以连续阵列的方式来放置，非固定式单座椅往往与报刊亭、咖啡厅、户外排挡等设施结合在一起组成休息空间，适合人们较长时间的休息。

（3）连座椅/凳：一般以三人连座位标准形态，长度约2m左右。这种莲座型椅/凳应用较为广泛，既可供三人使用，也可供两人或四人使用，并可以在上面随意放置一些物品，使用起来比较便利。连座椅/凳一般为固定式，多放置在路边缘、绿化植物前侧等处，有明确划分空间的作用，较容易与环境配合。图5-13为Urban Movement Design 事务所设计的UNIRE/UNITE夏日互动装置，为市民提供了良好的放松身心的设施。这些座椅是由电脑数控舵板组成的，有的部分外面包裹着帆布。人体不同的动作和来自瑜伽运动的灵感为整个装置的成形提供了参考元素。这样的装置有助于人们实现身体与心理的平衡。

（4）配套的遮阳伞和桌椅：配套的遮阳伞和桌椅常见于广场、公园、步行街道、海滩等环

图5-13　连座公共座椅创意设计

境。伞的作用除了这样避雨，也能够来限定空间，所以，这种形式的休息设施在形式上是较有围合性和私密感。

伞的形式多种多样，主要有固定式和活动式两种，结构上主要由支撑杆和展开的顶棚来组成。支撑的方式主要有中心独立式支撑、外边沿独立式支撑和多点式支撑。圆形伞的顶棚，一般展开直径≥1.8m，方形伞的顶棚，一般展开直径≥2.5m×2.5m。现在很多城市景观中都有膜结构的设施，膜结构都是固定的，一般起到装饰、遮阳的作用，也可划分为“伞”的种类之一。在公园、海滩等空间较为充裕的场所，可固定式装配伞和桌椅，而在商业街道等空间较为拥挤的场合，宜使用活动式结构的伞和桌椅。遮阳伞有时也会有以膜结构的形式来出现。由于“伞”既有遮风避雨的功能，也有限定空间的作用，所以常常会有很多人乐于就座。配套的遮阳伞和座椅有些是免费的，有些则是需要消费才能享用的休息设施。也有只有桌椅或桌凳的组合，形式多样，比如公园或小区内常见的石桌石椅、木质桌椅组合等，这样的组合桌椅或桌凳，一般为固定式，不易被挪移，若能够在绿荫植物下，则往往成为人们固定的交往场所，利用率较高，人们就座的时间也普遍较长。

（5）形态、长度均较为自由地坐具

根据具体的环境，坐具经常不以固定的形态或是长度来呈现。比如延墙或花坛设置的长椅，往往按照墙的长度或花坛的周长来设计其长度（图5-14）。有时为了满足人们更多的需要，坐具也会适当增加其应有的宽度，让人们可以在上面从事更多种类的休息行为，为了和周围景观相结合，坐具也有可能设置为曲线形态、折线形态等特殊形态（图5-15）。

图5-14　创意树池椅凳

图5-15　刨花长椅

图5-16　清华园现代科技建筑长廊

2．廊、亭、榭等一般会被称为建筑物或构筑物，之所以将其归为公共休息类设施，是因为这些建筑物和构筑物，往往在公共空间承载着人们休息的功能，并且，它们在现代设计里，也不仅仅是附属于建筑的一部分，而是越来越有其独立性，在景观小品设计中会将其当作公共设施的一部分来进行深化设计。造型美观的廊、亭、榭更会成为城市景观中的一道亮点。

（1）廊

廊的概念源于中国传统园林。《园冶・屋宇》曰："廊者，庑出一步也，宜曲宜长则胜，随形而弯，依势而曲。或蟠山腰，或穷水际，通花渡壑，蜿蜒无尽。"按其结构形式可分为：单面空廊、双面空廊、复廊和双层廊等。也有一种檐廊，是一种两侧或是一侧依附于建筑的步廊，严格讲应属于建筑的一部分，但它对于本文研究的公共空间休息设施而言，又是一个不可忽略的元素。廊是供人们行走，休息和观赏的公共走廊，广泛应用在广场、公园绿地、居住社区、城市街道中。在交通系统也会应用到廊的形式，并且相对而言规模更大。从现代城市设计角度来看，廊发挥着越来越重要的作用，是公共设施的一个重要组成部分，也是城市景观的一道风景线（图5-16）。

（2）亭

亭，是供行人休息、遮阳、避雨的公共休息设施，是以点的形式设置的静态设施，以人的就座、景观为主要功能，行走为附属功能，它一般会设置在人流较为密集的道路节点位置，或是公园、园林的重要景观驻足点，还会兼有地标导向的作用。亭最初功能是作为人驻足休息之用。《园冶·屋宇》："《释名》：'亭者，停也。人所停集也。'"是供人停下来集合的地方。它不仅具有自身的艺术价值，还可以与其他环境要素结合在一起共同组成供人们聚集、休息娱乐、交往的空间。亭的主要构件有顶、柱子、铺地、休息座椅等，其规模形式视其所在的环境条件而定。行人数量少，亭可设置容纳约10人规模，若所在场所较为繁华，或是作为一个交通景观上的节点，则应设置较大规模。从现代城市设计理念和方便行人的角度考虑，路亭或街亭一般宜小而分散或是自由组合（图5-17）。

亭作为一种独立的公共休息设施的形式，自古以来就颇受人们的欢迎。秦汉时每十里设置一亭，以后每五里有一短亭，供行人何处，亲友远行常在此话别，《白孔六帖》卷九："十里一长亭，五里一短亭。"亭在中国古代，不仅仅是一种供人短暂休息的地方，而且还包含了一种"十里长亭，依依惜别"之情。亭的历史伴随着我国城市的发展过程，目前在我国一些历史文化名城和江南古镇中，至今还保留着亭这种形式。北京胡同历史上也会常常在节点处设置"街棚"，起到为行人避雨乘凉的作用，这种形式和"亭"有着异曲同工之妙，也可以说，这是另一种形式的"亭"。如何让"亭"这种形式融于现代城市设计中，在现代城市中体现它应有的使用价值、观赏价值和历史文化价值，也是我们作为新一代的设计师需要研究的内容。从目前设计现状来看，亭除了具有休息、遮阳避雨这些传统功能外，也容纳了新的功能，人们往往将一些服务项目（如公用电话、贩卖报刊饮料、候车、宣传等）引入其中。而在社区中的休息亭或是休息廊，由于它的标志性作用和遮蔽风雨的功能，往往会聚集较多的人气（图5-18）。

（3）榭

榭这种形式一般出现在园林、公园或是一些高档住宅的景观设计中。榭本来就是传统园林中建筑类别的一种。有词典将"榭"解释为"建在高土台或水面（或邻水）上的木屋"（图5-19）。《隋唐演义》："湖旁筑几条长堤，堤上百步一亭，五十步一榭。"宋·陆游《过小孤山大孤山》："楼观亭榭。"可见，榭是一种借助于周围景色而见长的园林休憩建筑。邻水而建称水榭，建在花间称花

图5-17　路亭

图5-18　小区景观亭

谢。榭因借景而成，在功能上多以观景为主，兼可满足社交、休息的需要。水榭的建筑基部半在水中，半在池岸，也称水阁，临水立面开敞，设有栏杆。在南方园林中，水榭由于园林规模本身较小，所以水榭作为其中单体建筑，尺度也不大，整体装修偏精致素雅。比如留园的“活泼坡地”、拙政园的“小沧浪”、“芙蓉榭”网师园的“濯缨水阁”等，我们应该将“榭”这种景观中精华的形式加以发扬光大，应用在合适的景点、公园等地，创造更佳的公共景观。

### 5.3.4.4 辅助性休息设施

辅助性休息设施，是指同时具有座功能和其他功能的休息设施。例如：花坛边缘若是高度等尺寸合适，就可以用来做休息设施来使用，这样花坛就兼具了围合花木和就座休息两种功能。在适当地巧妙设计中，还可以使用城市公共空间中的雕塑作品同时也兼具就坐的功能，这种休息方式比坐在公共座椅上的感觉会更有趣味；还有台阶，在某些合适的场所，台阶既有交通功能，也有就座的功能（图5-20）。

图5-19 芙蓉榭 拙政园

图5-20 与水景装置结合的趣味公共座椅

**1. 辅助性休息设施分类**

（1）矮墙

矮墙具有很强的边界和阻隔功能，也有划分和导向的功能，它通常会设置在广场、园林、庭院等场所。不同高度的矮墙有着不同的作用。正如日本学者芦原信义说：“30cm高度的墙，人们可以比较平稳地坐在上面，60cm高度的墙，人们可以较随意地坐在上面，90cm高度的墙，人们可以扶在上面，120cm高度的墙，人可以靠在上面，而超过了180cm的墙，则完全阻隔了人们的视线。”（图5-21）。

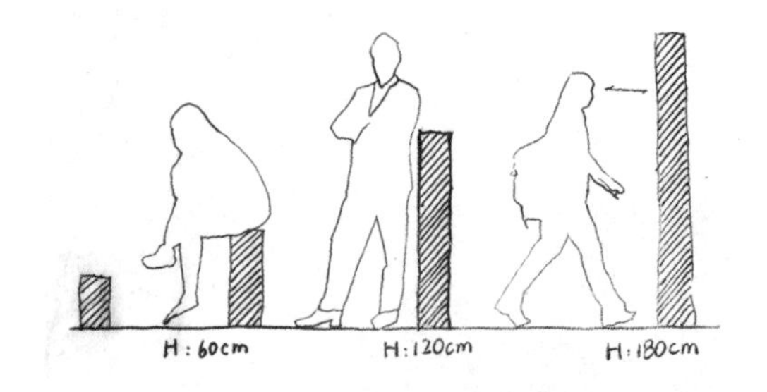


图5-21 墙体高度与人活动之间关系示意图

（2）台阶

台阶的主要功能是交通、行走的功能，但是必要的时候，或是在设计的时候，就可以把台阶当作一种休息设施来安排。这种台阶式休息设施多见于观演型的广场、室外小剧场或是高差比较大的地形中（图5-22）。

**图5-22　台阶作为非正式休息设施，斯德哥尔摩音乐厅的台阶则是路人休息的地方**

（3）植物围台、喷泉水景围台等

围台的主要功能是对绿化植物、特色景观等起到保护作用，但是经过对其高度和宽度的限定和设计，就可以充当休息设施。实际上人们也会经常在花坛或喷泉的围台上就座、玩耍。它在尺度上不必要像座椅一样有严谨的限制，人们反而会觉得更为接近大自然，更为亲切随意（图5-23）。

**图5-23　水景围台作为非正式休息设施**

（4）游乐健身设施

活泼好动的少年儿童经常不把自己限定在座椅上。他们需要更为符合他们年龄特征的一种休息形式。目前在一些游乐场或儿童健身场所，往往设置一些类似游乐设施的休息设施，使孩子们既可以玩耍，也能得到适当休息。

（5）类休息设施

就是一种形态不像是休息设施，但是必要的事后也可作为休息设施来使用的休息类型。比如各种高度不同的栏杆，可让人倚靠的种种设施等。它们不具备让人舒适就座的要求，但是也可以供人做短暂的休息。恢复体力类休息设施适宜放置在公共空间较为狭小，但是人们又有较多短暂休息意愿的地方，比如交通小广场、车站附近的公共广场等。

（6）草坪、石块、沙地等其他可以休息的地方

在一些自然景区或是生态公园、城市景观带等处，由于观赏自然景观是人们的主要目的，所以在这样的地方不宜设置过多的人造座椅。在欣赏这样的景观时，人们会更加乐意坐在草地、沙滩、石块等自然所赐的“座位”上（图5-24）。

**2. 公共休息设施的设计原则**

（1）合理性原则

这种合理性的要求是来自多方面的，譬如人对环境物质需要的合理性和精神需求的合理性等。

**图5-24 草坪作为休息场所，哈佛校园**

①技术层面的合理性

很多设计精美的作品在最后阶段终于被舍弃并不是由于设计上的原因，而是材料、加工工艺或结构上的问题。就算历经艰辛让图纸实施，有些作品还是让人感到美感全无。在施工中，无奈之下被替换的材料以及拙劣而粗糙的加工工艺破坏了设计的原始初衷。所以，在设计中应当慎重选择材料，并深入研究其工艺。

②使用方面的合理性

公共休息设施是城市公共设施的一部分，它们为最广大的普通公众所使用，其中有些人会用粗暴的或是非常规使用手段去使用它们，这就使得公共设施时刻都处在危机之中。对于这个问题，市民的素质不应该成为设计师逃避责任的借口，它迫使我们思考是否能在最初方案设计中就尽量减少此类行为发生的机会。

③造型风格上的合理性

现代社会已经日益走向多元化，时尚潮流的变革使人们注视城市眼光一次次地改变，城市公共休息设施也不例外。但是，公共休息设施不能随意变更，所以很多时候我们需要的是一种相对持久和经典的风格。设计师可以有敏锐地触角去感受时尚的细微脉动，但在面对公共设施设计的时候必须摒弃人云亦云的盲从态度，更多地应关注设计中的简洁与纯粹。这样说并不意味着我们是极少主义者或是简约派之类的追随者，只是不同的设计领域对设计的确有不同要求，让城市公共休息设施用自己的语言来表达它们的内涵，这比任何夸张的外形、烦琐的堆砌，或是对潮流的盲目追随要强得多。

④造价上的合理性

设计师在设计公共休息设施时，要考虑到它具体会被放置在一个怎样的城市和环境里，城市的经济发展如何，不要盲目追求高造价，要注重产品的经济性，要在合理地基础上尽量减少设计预算，不要铺张浪费。

（2）功能性原则

功能性原则是公共休息设施设计的一条基本原则，也是它们存在的一句。公共休息设施必须具有实用性。这种实用性不仅要求公共休息设施的技术与工艺良好，而且还应该体现出整个设施系统与使用者生理及心理特征的相适应。设计师与工程师的区别在于设计师不仅要设计一个“物”，而且在设计的过程中更要看到“人”，考虑到人的使用过程和将来的发展趋势。例如，公共休息设施的安全性、方便性。使用者身处的环境、设施与环境之间的协调等问题，都是设计师需要解决的。

公共休息设施的实用性不仅仅只针对使用者，它也包含了另一个意义：即城市公共休息设施应该让它们所在的公共空间变得更有效、更方便、更舒适、更人本、更富有秩序感。我们以公共座椅为例，公共座椅的放置地点、数量以及方式与公共座椅本身的设计同样重要。当我们漫步街道、广场或公园中，经常会遇到这样的尴尬：走累了得时候经常找不到可以坐下来休息的地方，而有些坐具太过于集中放置。公共休息设施放置得过于集中或分散都会造成资源浪费，从而降低了设施的使用效率。因此，在公共休息设施的设计中要全面调查整个周围环境的人流情况、道路情况等综合因素，整体而系统地安排休息设施的位置、朝向和密度。

（3）文化性原则

城市与城市之间有不同的氛围和感觉。文化是重要的生产力，它能影响一个城市的形象、风格。环顾世界，不论是古典或是现代的，发达的或是发展中的，内陆或是海滨的……凡是有品位的都市，都是由文化来烘托的。一提到巴黎、威尼斯、伦敦等城市的名字，人们都能从脑海里勾勒出这些城市的美好形象，这就是文化的巨大辐射和永久生命力。城市的文化品位，给城市带来活力，使城市具有魅力。不能想象一个现代化都市没有文化特色会是什么景象。因此，任何一种公共休息设施的设计，都不能与文化脱离，必须和文化紧密相连。也只有这么做，才能凸显设计的独特性，才能将设计更好地跟周围的环境相结合，提升设计品位，为人们提供更好的服务。比如欧洲有着悠久的“石文化”，在传统建筑中用了大量的石材，那么在欧洲的街头放上两个装饰性的石椅，则会让其与街道相得益彰。

（4）人性化原则

人既是物质环境的创造者，同时又是使用者。城市公共休息设施的设计必须考虑人的要素，以人的行为和活动为中心，把人的因素放在第一位。城市公共空间中的公共休息设施，与其使用者相比，它应当以突出人而不是突出自己为宗旨。城市公共休息设施若是在设计上过分夸张、喧宾夺主，或是使用者带来任何不便都是违背这一原则的体现。一直以来，人性化原则受到了所有设计领域的关注。公共休息设施设计中的人性化设计原则可以从以下几个角度来分析：

①重视人体工程学原理的应用

靠背：人在坐姿状态下，体重作用在座面和靠背上的压力分布称为座态体压分布。它与坐姿及虚席设施的结构密切相关，是设计休息设施时需要掌握的重要参数。在设计座椅靠背时，必须充分考虑到人体工程学，一般腰部距座面的距离230~260mm。

坐高：适当的坐高应使就座时大腿近似水平、小腿自然垂直，脚掌平放在地面上。椅面不能太高或是太低。椅面高度应以380~450mm的高度进行设计。座面前缘应比人体膝窝高度低30~50mm，且做成半径为25~50mm的弧度。

坐宽：坐宽是指座位的长短，在空间允许的情况下，以宽为好，以方便就座者变换姿势。通常以女性群体尺寸上限为设计依据，以满足大多数人的需要。通常情况下，一般可取400~500mm为一个标准单元，对于扶手椅不应小于500mm。对排成相邻放置的座椅，如观众席座椅，则坐宽以肘间距的群体上限值为设计基准，以避免拥挤压迫感。

坐深：坐深是指椅面的前后距离。其尺寸应满足三个条件使臀部得到充分支持腰部得到靠背的支持椅面前缘与小腿之间留有适当距离，以保证大腿肌肉不受挤压，小腿可以自由活动。因此，椅面深度不宜过深。一般休息性座椅可取350~400mm，充分休息的座椅可取400~430mm。但是作为辅助性休憩座椅和可休憩设施这对于辅助性的休息设施，在不能使用正常尺寸的前提下，应保证臀部基本的支持需要。

②重视环境行为学原理的应用

环境行为学有人称其环境心理学，是一门在广大设计领域广为应用的学科。

a．行为控制

人都有抄近心理。所以在两个地点之间如果有设置草坪阻止人们“走捷径”的意识，那么这块草坪往往会被人无情践踏。同理，若是一个休息设施放置在人流密集的交叉口，那么很可能遭到损坏。

b．行为暗示

如果你想让人们按照某一特定的目的去使用某些东西，那么就尽可能地将你的目的表达清楚。比如一个照明设施，看上去却像垃圾桶，那么这个设施周边会被无意识地堆积一些垃圾。

c．行为支持

改善公共空间逗留的条件将直接提升公共空间的质量，最终产生高品质的户外活动行为。中国传统的公共空间常常匠心独运地设有石凳、石栏、井台或“美人靠”等小品来支持人们随意的休息行为，体现了对人的尊重。当今的休息空间设计，各种要素的组织应支持使用行为，且应多样化。

③无障碍设计

在城市公共设施的设计中，我们要特别为残障人士设计无障碍设施。无障碍设计标志着一个社会文明程度的高低，体现着现代社会对不同生命的关注与尊重。

面向残疾人和老年人的无障碍设计，其目标是为了创造一种环境条件以能够支持他们的独立活动，以达到不需别人帮助而能参加各种日常活动的目的。从休息空间使用者的角度而言，无障碍设计的总目标就是要便于接纳他们。所以，凡事在休息空间的入口处或其他任何有高差的地方，都应设置符合规范的残疾人坡道和其他相关设施，以使更多地残障人士可以走出家门，到室外享受公共空间。

进行休息设施无障碍的设计中应注意：

a．将休息座椅布置在与道路或硬质地面相邻或相通的地方，同时地面不能有急坡。

b．休息场所应有足够的空间以便坐轮椅者与别人交谈（图5-25）。

挪威奥斯陆城市中心的斯堪德佛广场是Høegh Eiendom AS设计建设，它由原来街道尽头的一个停车场被改造而成，成为一个全新的城市绿色空间。该设计中最引人入胜的是设计了一个高差约有7m的人行步道边坡，连接上下两层的街道，人们不经过一级级的台阶就可以穿越整个广场。人行步道斜坡的坡度最大为6.5%，在每一段斜坡设置休息平台供人们休息、观景。这个特殊人行步道已经成为广场一道亮丽的风景线。顺着边坡，移步换景，可以更好地感受丰富的绿色空间，原来在停车场位置的汉斯艾格德雕塑被安置在绿植显著位置。

c．为了使那些坐轮椅者可以使用休息空间中的桌子，要保证桌子至少有一面不被固定的设施阻拦；当设计者创造了无障碍的环境时，这个地方即使对那些没有明显残疾的人来说也会更加

**图5-25　斯堪德佛广场无障碍设计，挪威奥斯陆城市中心**

舒适。

d．设计的人性化有利于提高市民素质。加强市民的公德心，提高市民的素质也是城市公共休息设施人性化的重要保证之一。

e．美学原则

美学原则是设计领域普遍遵循的法则。

f．系统化原则

公共休息设施是城市公共设施的一个重要组成部分。它的设置应该符合大众公共生活的需求，并与周围环境（包括物质环境和人文环境）保持整体上的协调。这里值得注意的是，公共设施设置与环境的协调不仅仅只是表面层次，更应追求一种精神及意味上的深层次统一。

城市公共休息设施也是一个系统，除了与周围环境协调一致，其自身也应具有整体性。而且各种公共设施之间，虽然各有特性，但彼此相互作用，相互依赖，将个性纳入共性的框架之中，体现出一种统一的特质。这种统一性可以由许多造型要素，以及借用许多造型手法来表达，但要极力避免生搬硬套与牵强附会。

g．可持续发展原则

这里的可持续发展原则包括两个方面：一是要注重生态环境的协调均衡和保护，尽可能采用绿色天然材料，或是人工合成的可以回收再利用的环保材料，不至于对生态环境产生破坏；二是要注重设计上的可持续性，当一个空间中休息设施要更新时，要考虑到新休息设施与旧有的环境和设施之间的协调性和延续性，既要有所改善，也不能显得太过突兀。

## 5.3.5 公共照明设施

### 5.3.5.1 公共照明的概念

照明，是利用各种光源照亮工作和生活场所或个别物体的措施。利用太阳和天空光的称“天然采光”；利用人工光源的称“人工照明”。

照明的首要目的是创造良好的可见度和舒适愉快的环境。

### 5.3.5.2 照明设施系统的功能

照明设施最主要的功能是提高人们在暗处观看的能力，一方面使人们活动顺利进行，另一方面亮处也能提高安全系数。

城市夜景照明就功能而论，可分为安全照明、建筑照明和装饰照明。 然而，从城市设计和景观艺术的角度来看，可分为道路照明和装饰照明两类。

**1. 安全照明**

在正常照明发生故障，为确保处于潜在危险之中人员安全而提供的照明。

**2. 建筑照明**

就是用灯光重塑人工营造的，供人们进行生产、生活或其他活动的房屋或场所的夜间形象。照明对象有房屋建筑，如纪念建筑、陵墓建筑、园林建筑和建筑小品等。照明时，应根据不同建筑的形式、布局和风格充分反映出建筑的性质、结构和材料特征、时代风貌、民族风格和地方特色。

**3. 装饰照明**

也称气氛照明，主要是通过一些色彩和动感上的变化，以及智能照明控制系统等，在有了基础照明的情况下，加以一些照明来装饰，令环境增添气氛。装饰照明能产生很多种效果和气氛，给人带来不同的视觉上的享受。

**4. 道路照明**

主要是指反映道路特征的照明装置，为夜晚行人、车辆交通提供照明之便。

### 5.3.5.3　照明的作用

**1. 照明的调节作用**

照明在空间中起着相当大的影响作用，它可以调节空间的层次感，也可以调整灯光，以弥补各个界面的缺陷。如某个顶界面过高或过低，可以采用吊灯或吸顶灯等方法来进行调整，改变视觉的感受。如果顶界面过于单调平淡，我们也可以在灯具的布置上合理安排，丰富层次。顶面与墙面的衔接太生硬，同样可以用灯具来调整，以柔和交界线。界面的不合适比例，也可以用灯光的分散、组合、强调、减弱等手法，改变视觉印象。用灯光还可以突出或者削弱某个地方。在现代的舞台上，人们常用发光舞台来强调、突出舞台，起到视觉中心的作用。

灯光的调节并不限于对界面的作用，对整个空间同样有着相当的调节作用。所以，灯光的布置并不仅仅是提供光照的用途，而且照明方式、灯具种类、光的颜色还可以影响空间感。如直接照明，灯光较强，可以给人明亮、紧凑的感觉；相反，间接照明，光线柔和，光线经墙、顶等反射回来，容易使空间开阔。暗设的反光灯槽和反光墙面可造成漫射性质的光线，使空间更具有统一感。因此，通过对照明方式的选择和使用不同的灯具等方法，可以有效地调整空间和空间感。

**2. 照明的揭示作用**

（1）对材料质感的揭示

通过对材料表面采用不同方向的灯光投射，可以不同程度地强调或削弱材料的质感。如用白炽灯从一定角度、方向照射，可以充分表现物体的质感，而用荧光或面光源照射则会减弱物体的质感。

（2）对展品体积感的揭示

调整灯光投射的方向，造成正面光或侧面光，有阴影或无阴影，对于表现一个物体的体积也是至关重要的。在橱窗的设计中，设计师常用这一手段来表现展品的体积感。

（3）对色彩的揭示

灯光可以忠实地反映材料色彩，也可以强调、夸张、削弱甚至改变某一种色彩的本来面目。

舞台上对人物和环境的色彩变化，往往不是去更换衣装或景物的色彩，而是用各种不同色彩的灯光进行照射，以变换色彩，适应气氛的需要。

**3. 空间的再创造**

灯光环境的布置可以直接或间接地作用于空间，用连系、围合、分隔等手段，以形成空间的层次感。两个空间的连接、过渡，我们可以用灯光完成。一个系列空间，同样可以由灯光的合理安排，来把整个系列空间串联在一起。用灯光照明的手段来围合或分隔空间，不像用隔墙、家具等可以有一个比较实的界限范围。照明的方式是依靠光的强弱来造成区域差别的，以在空间实质性的区域内再创造空间。围合与分隔是相对的概念，在一个实体空间内产生了无数个相对独立的空间区域，实际上也就等于将空间分隔开来了。用灯光创造空间内的空间这种手法，在舞厅、餐厅、咖啡厅、宾馆的大堂等空间内的使用是相当普遍的。

**4. 强化空间的气氛和特点**

灯光有色也有形，它可以渲染气氛。如舞厅的灯光可以造成空间扑朔迷离，热烈欢快的气氛；教室整齐明亮的日光灯可以使人感觉简洁大方，形成安静明快的气氛；而酒吧微暗，略带暖色的光线，给人一种亲切温馨的情调。另外，灯具本身的造型具有很强的装饰性，它配合室内的其他装修成分，以及陈设品、艺术品等，一起构成强烈的气氛、特色和风格。譬如，中国传统的宫灯造型，日本的竹及纸制的灯罩，欧洲古典的水晶灯具造型，都有非常强烈的民族和地方特点，而这些正是室内设计中体现风格特点时不可缺少的要素。

**5. 特殊作用**

在空间设计中，除了提供光照，改善空间等需要照明外，还有一些特殊的地方需要照明。例如，紧急通道指示、安全指示、出入口指示等，这些也是设计中必须注意的方面。

### 5.3.5.4 照明布局

**1. 基础照明**

所谓基础照明是指大空间内全面的、基本的照明，也可以叫整体照明，它的特点是光线比较均匀。这种方式比较适合学校、工厂、观众厅、会议厅、候机厅等。但是基础照明并不是绝对的平均分配光源，在大多数情况下，基础照明作为整体处理，然后在一些需要强调突出的地方加以局部照明。

**2. 重点照明**

重点照明主要是指对某些需要突出的区域和对象进行重点投光，使这些区域的光照度大于其他区域，起到使其醒目的作用，如商店的货架、商品橱窗等，配以重点投光，以强调物品、模特儿等。除此之外，还有室内的某些重要区域或物体都需要做重点照明处理，如室内的雕塑、绘画、酒吧的吧台等。重点照明在多数情况下是与基础照明结合运用的。

### 3. 装饰照明

为了对室内进行装饰处理，增强空间的变化和层次感，制造某种环境气氛，常用装饰照明。使用装饰吊灯、壁灯、挂灯等一些装饰性、图案性比较强的系列灯具，来加强渲染空间气氛，以更好地表现具有强烈个性的空间。装饰照明是只以装饰为主要目的的独立照明，一般不担任基础照明和重点照明的任务。

## 5.3.5.5 照明设计的基本原则

### 1. 适用性

适用指能提供一定数量和质量的照明，保证规定的照度水平，满足工作、学习和生活的需要。灯具的类型、照度的高低、光色的变化等，都应与使用要求相一致。在一般生活和工作环境中而不感到厌倦。

### 2. 安全性

安全照明装置设计时必须考虑照明设施安装维护的方便、安全以及运行的可靠。

### 3. 经济性

经济一方面是采用先进技术，充分发挥照明设施的实际效益，尽可能以较小的费用获得较大的照明效果；另一方面是在确定照明设施时要符合国家当前在电力供应、设备和材料方面的生产水平。

### 4. 美观性

美观照明装置尚具有装饰房间、美化环境的作用。特别是对于装饰照明，更应有助于丰富空间深度和层次，显示被照物的轮廓，表现材质美，使色彩图案更能体现设计意图，达到美的意境，体现空间立体感与装修表现感上的环境气氛。

## 5.3.5.6 公共灯光设计原则

### 1. 注意色彩协调

光色应与建筑内部装饰色彩相协调，否则就形成不相宜的环境、气氛，如宴会厅宜用黄光，烘托热烈的气氛，避免眩光。

### 2. 合理分布亮度

为了满足工作和学习的需要，室内固然要有一定的照度值，但亮度分布也要合理，如果顶棚较暗，空间显得狭小，使人感到压抑；顶棚明亮，便会显得宽阔，会使人感到豁然开朗。

### 3. 显示照射目标

灯光的照射方向和光线的强弱要合适，尤其商店橱窗照明，对商品采用多层次、多方向的照射，显示商品特色，更引人注目。

**4. 表达主题思想**

灯光起烘托气氛的作用。

**5. 照明设计的步骤**

分为两个：

第一阶段开始于用户，主要考虑是影响照明设计的主要因素；

第二阶段是设计过程，从而决定最佳的设计方案。

## 5.3.6 公共服务设施

### 5.3.6.1 公共服务设施的含义

公共服务设施是由公共、服务和设施三个词语或者是公共服务与设施两个词语构成的合成词，是这些词语含义的整合。公共服务是21世纪公共行政和政府改革的核心理念，包括加强城乡公共设施建设，发展教育、科技、文化、卫生、体育等公共事业，为社会公众参与社会经济、政治、文化活动等提供保障。公共服务以合作为基础，强调政府的服务性，强调公民的权利。

狭义的公共服务不包括国家所从事的经济调节、市场监管、社会管理等一些职能活动，即凡属政府的行政管理行为，维护市场秩序和社会秩序的监管行为，以及影响宏观经济和社会整体的操作性行为，都不属于狭义公共服务，因为，这些政府行为的共同点，是它们都不能使公民的某种具体的直接需求得到满足。公民作为人，有衣食住行、生存、生产、生活、发展和娱乐的需求。这些需求可以称作公民的直接需求。至于宏观经济稳定、市场秩序和社会秩序等则是公民活动的间接需求，不是满足公民特定的直接需求的。公共服务满足公民生活、生存与发展的某种直接需求，能使公民受益或享受。譬如，教育是公民及其被监护人，即他们的子女所需要的，他们可以从受教育中得到某种满足，并有助于他们的人生发展。如果教育过程中使用了公共权力或公共资源，那么就属于教育公共服务。但是，诸如执法、监督、税收、登记注册以及处罚等政府行为，虽然也同公民发生关系，也是公民从事经济发展与社会发展所必需的政府工作，但这些类别的公共活动却并不是在满足公民的某种直接需求，公民也不会从中感到享受，只是公民活动的间接公共需求的满足，所以类似政府行为都不是公共服务。

### 5.3.6.2 公共服务设施的分类

公共服务可以根据其内容和形式分为基础公共服务、经济公共服务、社会公共服务、公共安全服务。基础公共服务是指那些通过国家权力介入或公共资源投入，为公民及其组织提供从事生产、生活、发展和娱乐等活动都需要的基础性服务，如提供水、电、气，交通与通讯基础设施，邮电与气象服务等。经济公共服务是指通过国家权力介入或公共资源投入为公民及其组织即企业从事经济发展活动所提供的各种服务，如科技推广、咨询服务以及政策性信贷等。公共安全服务是指通过国家权力介入或公共资源投入为公民提供的安全服务，如军队、警察和消防等方面的服务。社会公共服务则是指通过国家权力介入或公共资源投入为满足公民的社会发展活动的直接需要所提供的服务。社会发展领域包括教育、科学普及、医疗卫生、社会保障以及环境保护等领域。社会公共服务是为满足公民的生存、生活、发展等社会性直接需求，如公办教育、公办医疗、公办社会福利等。

## 5.3.7　公共游乐设施

### 5.3.7.1　公共游乐设施的含义

游乐设施是指用于经营目的，在一定的区域内运行，承载游客游乐的载体。随着科学的发展，社会的进步，现代游艺机和游乐设施充分运用了机械、电、光、声、水、力等先进技术。集知识性、趣味性、科学性、惊险性于一体，深受广大青少年、儿童的普遍喜爱。对丰富人们的娱乐生活，锻炼人们的体魄并陶冶情操，美化城市环境，游乐设施发挥了积极的作用。

### 5.3.7.2　公共游乐设施的分类

现代游乐设施种类繁多，结构及运动形式各种各样，规格大小相差悬殊，外观造型各有千秋。游乐设施依据运动特点共分为转马类、滑行类、陀螺类、飞行塔类、赛车类、自控飞机类、观览车类、小火车类、架空游览车类、光电打靶类、水上游乐设施、碰碰车类、电池车、拓展训练类等（图5-26）。

## 5.3.8　无障碍设施

### 5.3.8.1　无障碍设施的含义

无障碍设施是指保障残疾人、老年人、孕妇、儿童等社会成员通行安全和使用便利，在建设工程中配套建设的服务设施。包括无障碍通道（路）、电（楼）梯、平台、房间、洗手间（厕所）、席位、盲文标识和音响提示以及通讯，在生活中更是有无障碍扶手或者沐浴凳等与其相关生活的设施。

20世纪初，由于人道主义的呼唤，建筑学界产生了一种新的建筑设计方法——无障碍设计。它运用现代技术建设和改造环境，为广大残疾人提供行动方便和安全空间，创造一个“平等、参与”的环境。国际上对于物质环境无障碍的研究可以追溯到20世纪30年代初，当时在瑞典、丹麦等国家就建有专供残疾人使用的设施。1961年，美国制定了世界上第一个《无障碍标准》。此后，英国、加拿大、日本等几十个国家和地区相继制定了有关法规。

**图5-26 美国迪斯尼乐园游乐设施**

无障碍设施，是指为了保障残疾人、老年人、儿童及其他行动不便者在居住、出行、工作、休闲娱乐和参加其他社会活动时，能够自主、安全、方便地通行和使用所建设的物质环境。

无障碍设计的理想目标是“无障碍”。基于对人类行为、意识与动作反应的细致研究，致力于优化一切为人所用的物与环境的设计，在使用操作界面上清除那些让使用者感到困惑、困难的“障碍”（barrier），为使用者提供最大可能的方便，这就是无障碍设计的基本思想。

无障碍设计关注、重视残疾人、老年人的特殊需求。

坐落于德国科隆两座主要大桥霍恩佐伦大桥与道依泽尔桥大桥之间的是莱茵环大桥（Rheinring）。它是由Marco Hemmerling设计。这座桥是这座城市的标志性工程。桥的环形设计理念由Stepan Polonyi设计，环形部分可作为步行道，直接连通历史悠久的老城区与西部新区，也将莱茵大道与东部连接起来。悬臂拱桥使用无障碍设计，使行人能够通过宽阔的步行道前往河畔与现有平台。在这里，新的人行大道与现有道路相连接，形成多层的道路网路。由于该桥使用无支撑结构，也不需要设置桥墩，因此，南北轴向的河流运输也不受影响（图5-27）。

### 5.3.8.2 无障碍设施的分类

按材质分为：不锈钢、铝合金、尼龙等。

图5-27 莱茵环大桥（Rheinring），德国科隆

按适用范围分为：卫生间无障碍设施（坐便区设施、淋浴区设施、盥洗区设施），走廊防撞扶手等。

按使用功能分为：支撑扶手、毛巾杆、淋浴凳、纸桶、自由调节角度玻璃镜、防滑表面处理及辅助起落绳梯等。

# 5.4 公共设施设计的发展趋势

## 5.4.1 多元化和专业化

不同阶层、不同年龄的人在不同场合对公共环境设施有着不同的需求。科技的发展也为公共环境设施由单一走向多样提供了生产制造的条件，同时新产品的发明也带动了与之配套的公共设施设计的开发。比如自行车的发明向我们提出如何解决规范车辆存放并美化环境的课题，电话通信行业的发展向我们提出电话亭的设计……

公共环境设施设计已经从传统意义的喷泉、公共饮水器、公共座椅等单一的几种产品向多种、更加专业化的方向发展。比如自助系统的分类已经从单一的饮水机向自助售票机、自助快餐机等多层次专业化发展。在西方发达国家，咖啡、糖果、甜食、自助贩卖机已经进入消费者的习惯之中，而且随着时代的发展，新的环境设施还将不断出现，公共环境设施设计正在从单一的种类走向多元而且进一步地走向专业化。

### 5.4.2 智能化

每一次的技术进步都给世界的各个领域带来巨大的变革，设计老年公寓更是如此，公共环境设施设计也是伴随着一场场的变革而不断地发展，进一步地向智能化迈进，并且技术生产方式的进步使原来不可实现的设想成为可能。计算机技术及网络技术的发展带动了自助系统的兴起，例如熟食贩卖机，可以使人们在几分钟之内拥有一份热饭菜。

### 5.4.3 人性化和个性化

人性化设计是设计的根本出发点，它主要体现在以下三个方面：一是满足人们的需求和使用安全；二是公共设施的功能明确，使用方便；三是对自然生态的保护和社会的可持续发展。从使用者的需求出发，提供有效的服务，省时、省力，将是今后公共环境设施设计的发展方向之一。

一个真正的人性化公共设施设计应该在根本上为使用者着想，在满足大众使用公共设施共性的同时，要照顾到每一个个体的个性需要，尊重每一个人。平庸的、大众化的公共环境设计绝对不会被一个人性化的公共空间所接受。反过来，公共设施的个性化设计应该是以人性化设计为前提的，也就是说，只有我们的公共设施达到了使公共环境更舒适、健康、怡人的使用要求和精神上的人文关怀的时候，设计才能提升到个性设计的层面。

但无论公共设施设计求多么个性、多么奇特的形式，我们都不该忽视一个重要的问题就是人性决定论，“人”才是未来设计趋势发展的主要推动力，它的个性化设计应符合人们的行为模式和心理特征，满足使用者的个性与环境的相互协调，为大众创造一个舒适、方便、卫生、安全、主动、高效的生活环境，在设计中充分地尊重人性，让员工参与到公共设施的设计中，最终实现公共设施设计的人性化和个性化。

### 5.4.4 工业结构标准化与模块化

工业化是工业设计和产生的存在条件，现代化公共环境设施设计的工业构件的标准化与模块化趋势主要从以下三个方面加以考虑：

一是从降低成本考虑。由于公共环境设施设计的种类多、需求量大，所以工业化生产构件的互换化、多元组合拆卸、装配为批量生产提供了捷径，大大地降低了产品设计的成本。

二是从生态环保方面考虑。在工厂生产出高精度的标准化配件、现场组合安装、提高了生产效率的同时，又便于维修和拆卸，这样既方便了行人与车辆，又免除了现场施工的噪音与尘土，缩短了施工周期，有利于环境的保护。

三是从时代性考虑。由于公共设环境设施是城市文化的载体，体现了城市文明，同时工业化也体现了一个国家和地区的现代化发展水平。现代技术的高精度构件组合、新材料的运用，能最好地体现出时代精神。

模块化设计在我国目前还主要停留在机械制造及家具设计方面，作为“城市家具”的景观设施与室内家具有着异曲同工之处，都丰富着人们的生活为其提供便利。而景观设施服务的对象更加大众化、多元化，同时还要考虑室外环境因素，所以相对于室内家具，景观设施的形式和功能更加复杂化、多样化。新时期社会物质文明和精神文明都高度发展，科学技术的日新月异，使全球化市场竞争更加激烈，传统的大批量生产方式已满足不了社会需求的多样化、个性化和超前化，模块化设计的出现，变更了传统的生产方式，其定制化设计、批量化生产、灵活及多样化组合、快速拆卸和搭建，预示着模块化设计出现的必要性。

模块化就是为了取得最佳效益，从系统观点出发，研究产品（或系统）的构成形式，用分解和组合的方法，建立模块体系，并运用模块组合成产品（或系统）的全过程。模块化设计的优势体现在公共设施设计中，意义是显而易见的：一是城市公共设施作为城市景观，其形象要求具有个性。采用模块化设计可选用不同造型的模块元素进行组合，得到最具个性化的产品；二是在公共设施的制作装配过程中，包含大量的人工作业，而且导致管理复杂，效率低下。若将作业分解为多个模块，分别进行制作，然后进行组合，则更利于多工种并行参与，可以简化工序，降低成本；三是缩短现场制作与安装时间。公共设施采用模块化设计后，可在工厂制作，现场安装。由于采用模块化设计，可大大节省室外施工的费用，也不会出现施工现场混乱的状况；四是方便运输与维修。对于某些体积庞大又需要现场安装的公共设施，采用模块化设计可降低运输费用和装运难度。另一方面，模块化设计方便设施的维护检修，易于实现产品的互换性和标准化。

“热浪”为一户外休息座椅，通过一个变形的倒“U”形曲线拉伸生成一曲面，再由曲面生成实体，把该实体扭曲后切割，形成若干等距的封闭线框，再由线生面，面成体，体组物。由于座椅作为户外景观设施要具备一定的功能性，所以每个椭圆具有一定的厚度，且两个椭圆之间的间隔不宜过大。至此，整个座椅被划分为若干模块，对其进行逐一编号，对每一模块进行定点，打孔，借用螺栓构件按编号串联起来，组装成一户外座椅，随时可更换破损的模块，与传统的景观设施相比，更加经济，灵活（图5-28）。

**图5-28 模块化公共设施作品《热浪》**

## 5.4.5 艺术化与景观化

现代公共环境设施设计已经不单单是孤立的单一化产品设计，它已经越来越融入环境的整体设计中，越来越重视单一产品设计后的规划与组合，每一个设计也不仅仅只限于一种形态与色彩，而是形成一个系列。比如，同一造型的垃圾箱，通过表面不同的色彩覆面，置于公共空间场景中时，就可以起到调节场景景观和活跃场景气氛的作用。再比如，花架与休息座椅很好地结合，不但起到了扩展空间景观，还起到美化环境的作用。在公共设施的规划设计上，座椅、垃圾箱、照明设施等也不仅仅限于满足功能的需求。

英国米德尔斯堡A66公路边上，一组大型的公路公共艺术出现在人们的视线中，这组作品名字叫作“Blaze”，意为“火焰”。这组作品是由Ian McChesney提出设计方案，并与 Chris Brammall 公司合作制作实施的：一系列的阳极氧化铝杠被排成整列安排在空地上，向着一个方向倾斜，仿佛和路途中行驶的人们一样在做运动。这跳动的火焰是当地唯一的特别景观，其随着人在不同位置观看都呈现不同的姿态，让人想起中国一句古话：“横看成岭侧成峰，远近高低各不同。”作为一个大型户外雕塑作品，该项目从不同的角度看线条的组合又不同的视觉效果（图5-29）。

艺术化的城市公共设施可以使城市成为更加多元、立体、个性化和艺术化的综合构成体，它

**图5-29 交通景观作品《火焰》，麦克切斯尼**

是渗透到人们日常生活的路径与场景，通过物化的精神和一种动态的精神意向引导人们看待自己的城市，在营造新的城市艺术环境的同时，也创造着城市新文化，这种城市文化的精神场包围着我们的生活，它甚至成为城市风格化的助推器。

图5–30是由AMBi Studio（廖伟立建筑事务所）设计的位于台湾彰化的王功生态景观桥项目，它靠近王功渔港，横跨Hoe-Gang河，连接港口和街区。同时，这个桥体还充当观景、娱

乐、生态教育的作用，同时也是当地的新地标项目。桥体采用钢铁构架和折叠式板面，形成一种智能化的身躯，好似两岸边的一个雕塑。主要结构利用钢铁拱形构架承重，石棉水泥板则用于表面覆盖。鉴于周围环境的强风及太阳照射等原因，设计除了定义雕塑般的形体外，还延展形成不同的遮挡结构，抗风挡雨，很好地满足了人们观景的需求。玻璃的使用也起到了遮挡的效果，地板则覆盖防霉防盐的木材，以营造出一种友好自然的氛围。同时桥体呈现出一种灰蓝色，以与周围环境融合，投射灯安置在堤坝上和桥下，以创造出动感的雕塑桥身和三维立体感。桥身上的折叠板根据人流线路进行变化，从而为人们形成座椅区、观景区，甚至是指引装置（图5-30）。

**图5-30 王功生态景观桥**

# 第6章

# 公共艺术的材料

## 6.1 公共艺术中“材料”的意义

随着时代的发展，现代人们的生活状态、价值观念、审美需求决定了现代公共艺术必将朝着多元化、综合性的方向发展，从大型的室外特定雕塑、地标、纪念牌、实用体、建筑的装饰品，到板凳、路标、栏杆、塔台、路灯、垃圾桶、喷水池、公共车站牌、发光字、门头招牌、不锈钢发光字等，这些均可作为公共艺术的设计对象。现代公共艺术已越来越重视材料的语汇表达，使用材料的广泛性已成为现代公共艺术的一个显著特点。那么现代建筑环境与传统的相比较，所营造的空间、风格、功能以及材质的使用都是多样的，环境中的公共艺术的形式、功能以及材质的运用也必须与之相适应、相统一，同时应具有鲜明的时代特征。

当今许多公共艺术艺术家随着时代的步伐，紧扣住时代的脉搏，努力探索创新，许多与现代建筑环境相适应的、具有鲜明的时代特征的优秀作品不断出现，而且风格多样、手法各异。在这里很值得提出的是：一种将材料作为独立的审美要素加以呈现的公共艺术作品日渐增多，这类作品以运用不同的材质美感来追求作品的形式感，强调视觉冲击力且往往又是抽象作品，以单纯满足视觉欣赏为目的，受到社会的青睐，被艺术设计界越来越关注。

现代公共艺术是一个多向呈现、互为渗透的多层次结构，这个多层的结构是一个综合的“语言之家”。它包括基本的物质材料，材料所形成的形态结构，形态所展现的肌理和色彩，以及才、形、色与环境的种种关系因素。而对这一综合语言的最佳运用是完美表达作品独特设计构思的重要因素之一，是达到公共艺术与设计者、与观者之间关系最为贴切的入手点。要做到这一点包含许多因素：对环境的了解，对大众心理的了解，对科学技术的运用等，其中最基本和关键的就是对公共艺术材料的深刻而全面的了解和把握。

材料的抽象视觉要素是许多的创作者从中得到启发，经过艺术创造成为公共艺术创作的重要艺术之一。公共区域内的导视标牌在这一点上表现得尤为突出。而且，一件优秀的公共艺术品它自身的艺术要素搭配结合得好，往往会形成一种隐藏的内在张力，甚至还会产生一种意想不到的视觉效果，从而在很大程度上影响作品与整个环境空间的氛围。

在现代公共艺术中对材料的有机运用除自身的艺术内涵及搭配需要外，必须结合考虑公共艺术所处的环境位置，必须对公共艺术材质内涵与建筑材料的搭配，与室内外环境风格、功能的结合等作综合全面的考虑。

公共艺术的创作构思有赖于材料这一载体和相应的加工工艺，指的是从材料角度去构思，是强调把材质美作为创作元素，从而去选择最能体现作者构思的材料和相关的加工工艺。材料价值也不等于审美价值，在审美价值前，一切材料都处于平等地位。许多艺术家在拓展材料的同时，对材料自身内涵的表现性进行了更为深沉和理性的探索与研究。

近20年以来，国内的现代公共艺术家经过长期不懈的努力，以自己的探索与创造，丰富并发展了公共艺术材料的艺术表现力，使之成为当今艺坛令人瞩目的一种艺术表现形式，从丙烯、陶瓷拼贴、马赛克镶嵌，到钢、不锈钢、玻璃钢、石材、木材、玻璃、纤维等综合材料的运用（例如，导视标识设计中的发光字、吸塑字等），都体现了当今中国的现代公共艺术在材料上呈现出多元化发展的特征。设计师面对开发的世界，要开拓自己的视野，全方位、多角度地去寻找创作灵感，用材料思考，强调了材料在公共艺术设计中的作用，是一条重要的创作思路。因此，若要搞好公共艺术，应逐渐学会用材料去思维。

### 6.1.1 材料在文化表达上的意义

“文化”一词，广义上指人类在社会实践过程中所获得的物质、精神的生产能力和创造的物质、精神财富的总和。作为一种历史现象，文化的发展有历史的继承性，同时又具有阶级性，也具有民族性、地域性、多样性。在文化高速发展的今天，文化性的介入已不可避免。材料有着十分丰富的文化性，正是这种文化性，使材料具有了特殊的语言意义。一定艺术历史中艺术材料的语言，总是自觉体现着那个特定历史时期的社会思想和观念。在古埃及、古希腊时期，艺术具有一种被温克尔曼称之为“静穆的伟大”的单纯。在这种单纯里，材料出产和被使用地域的特定性，使一种材料作为“一种”语言的性质也于无形中被规定，正是这种情形，把古埃及、古希腊艺术推到后世艺术难以企及的高度，创造了古代人类艺术的辉煌。材料的色彩、材料的质感、材料的肌理、材料的形式美，均可产生一定的文化内涵，达到其一定的隐喻性、暗示性及叙述性。各种绘画艺术、瓷器、青铜、玻璃器皿、木雕……这些作品从视觉形象上最具有完整性，既表达一定的民族性、地域性、历史性，又有极好的审美价值，能充分体现材料的文化性。在人类文明发展史上，人们常以不同材料为各个时期命名，如石器时代、青铜时代、铁器时代，以及现代文明的高分子时代和超导时代，这标志着人们对材料变革在人类文明进程中的重要作用有深刻的认知。设计是人类有意识的、有艺术创造力的造物活动，是人类根据一定的目的和要求所形成的构思和意图，是融合了人类所创造的物质文化和精神文化为一体的总和。随着知识经济时代的到来，设计绝不是仅仅具有某种使用价值，也不仅仅是为了满足人们的某种物质生活需要，而且越来越多地考虑人们的精神生活需要，千方百计地为人们提供实用的、情感的、心理的等多方面的享受，越来越重视设计文化附加值的开发，努力把使用价值、文化价值和审美价值融为一体。材料一方面是设计的物质基础，另一方面也是人类实现自己目标和理想的对象物。设计师在设计过程中，注重材料与构造、材料与色彩、材料与光照之间的关系，强化材料在设计中的功能作用，努力掌握材料的各种特征，使材料真正地在实际应用中体现出使用价值和审美价值。因此材料的表现是艺术的、科学的和技术的，也是现代艺术设计文化涵义的呈现和诠释。

## 6.1.2 材料在美感上的意义

材料的美感最能体现出艺术品的时代性和科技的时尚性。当一种新颖的材料、一种独特的饰面工艺、一种独到的形式在设计材料中应用时，往往会比一种纯粹的新造型带来更有意义的突破。

材料的美感主要体现在色彩、光泽、肌理、质地等方面。

### 材料的色彩美

**1. 材料的固有色彩**

固有色，顾名思义，就是物体本身所呈现的固有色彩。由于固有色在一个物体中占有的面积最大，所以，对它的研究就显得十分重要。一般来讲，物体呈现固有色最明显的地方是受光面与背光面之间的中间部分，也就是素描调子中的灰部，我们称之为半调子或中间色彩。因为在这个范围内，物体受外部条件色彩的影响较少，它的变化主要是明度变化和色相本身的变化，它的饱和度也往往最高。

红椅，设计师Kaare Klint，材料：桃花心木、皮。此款椅取名于其色彩，设计上，能满足使用者在功能和审美上的需要。通过采用不上油漆的暖色木材，不着色的皮革和素色织物。

月亮扶手椅。作者：仓又四郎（日），设计者通过采用能引起人们好奇心的网状材料和对部件的巧妙使用，在其诗境中的设计中向人们传达了精致的空间感和轻盈感。椅子由9部分镀镍钢丝焊接而成。各部分的边缘相交焊接点同时覆盖环氧树脂，底部四边采用钢条加固，以支撑椅子的框架（图6-1）。

**2. 材料的人为色彩**

德国书写工具品牌LAMY，设计的产品结合了聚碳酸酯与不锈钢材质、丰富的笔杆色彩，甚至每年推出限量色的营销方式，使之从芸芸众生的书写工具中脱颖而出（图6-2）。

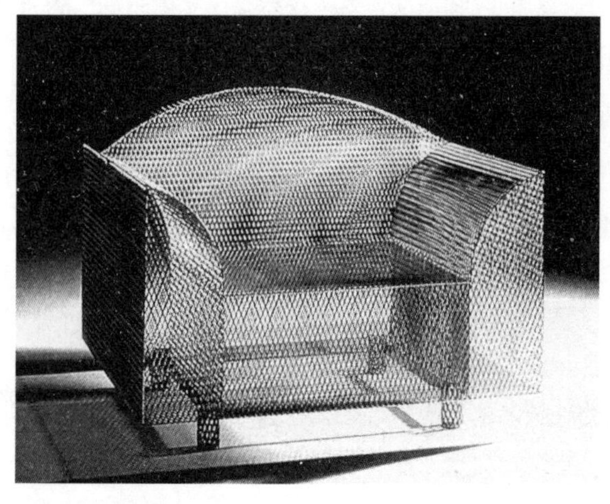

图6-1 月亮扶手椅

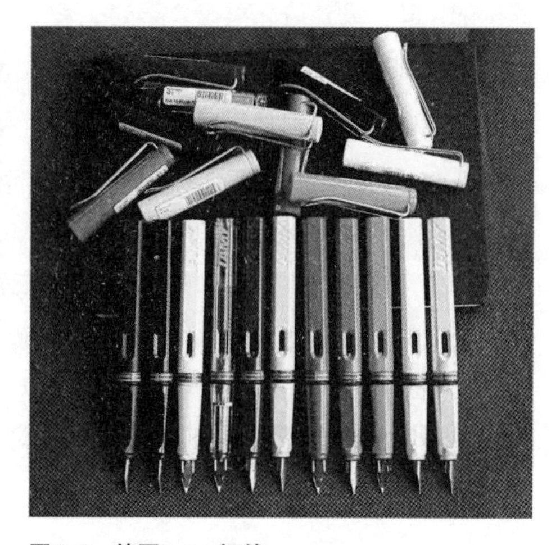

图6-2 德国Lamy钢笔

### 6.1.3　材料在功能上的意义

艺术设计作为一种经济行为，其发展也必须要有可持续性。我国古代的造物活动从建筑、纸张到家具均主要采用木材，并且提倡使用坚固、成材周期长的优良木材。这种观念一方面令我们创造了世界上最浩大磅礴的木结构文明，另一方面他带给我们的是北部中国的荒漠化。在唐代长安号称“八水环绕”，而宋朝时的洛阳拥有桥梁百余座，千年后这两座北方代表性的文明重镇均成为城市沙漠化的代名词。从中我们可以清楚地看到工业活动对环境作用的滚雪球效果，显然不考虑民族地域自然生存环境的使用自然材料，非但不能实现可持续发展，而且是一种惨痛的代价。因此，在技术和经济合理的前提下，唯有有效合理地利用材料，使材料的使用性能与产品的设计功能相适应，我们才有可能实现艺术设计的和谐持续发展，实现最大的经济效益。这不仅是节约短缺能源的权宜之计，更是一个国家生产的根本原则。

材料和设计的另一个特征就是技术性。材料的发展是根据各个实用情况下的多种技术因素和经济因素而有目的地逐步获得其最佳特性的。材料的内在特性是其外在特性的基础，也是设计应该引起高度重视的方面。遗憾的是我们在设计中对材料关注太少，提起材料，一般我们只知道它的外在特征，我们常常以“艺术设计”来掩饰自己对材料技术的无知或知之甚少，认为材料的技术性是理工科的事，与艺术设计没有关系。人们会把汽车当作艺术设计而不会把飞机、中国的“神州号”、美国的“阿波罗号”当作艺术设计。艺术设计师由于对材料和材料的实用知识的不足很难插足，或根本找不到设计师是谁，因为这些产品都是合作的结果。从设计史可以得知，历史上很多设计师的作品大部分是日常用品如桌、杯等，它们对内部结构和材料的技术性要求不是非常高。设计的历史使命是巨大的，不仅为人们提供审美情趣，更要促进整个社会文明的发展。世界上很多发达国家把设计当作国家发展的“发动机”可以想象设计。对材料技术性的要求是多么的高。这就要求设计师不仅关心材料的艺术性，更要关心材料的内在特征，即材料的技术性。我们经常谈艺术与技术的结合，材料是科学技术的基础，艺术和技术的结合就是艺术和材料及其相关的技术的结合，否则设计就不会变成生产力。设计总是受技术发展的影响。第一件生产超过百万件的产品是托内特椅子，这是由摩托维亚的考雷兹科的托内特厂发明了弯木和塑木新工艺引起的。西门子电梯的发明，立即带来了摩天大楼的设计；福特生产线的发明，令汽车变成了大众消费品，也使大批量生产成为可能，由于促销，广告设计应运而生。一个好的设计构思，因材料技术发展的滞后，而未能充分发展现其作品，最终造成遗憾。这样的事例屡见不鲜。丹麦设计师伍重的浪漫主义作品——悉尼歌剧院就是一个典型的例子。澳大利亚悉尼歌剧院，称得上是生动的混凝土艺术，它的造型奇特，外观不凡，八个薄壳分成两组，每组四个，分别覆盖着两个大厅。另外有另个小壳置于小餐厅上。

## 6.2 公共艺术中常用的材料

公共设施作为城市空间的要素之一，已是城市形象构筑中不可缺少的一部分。在提倡可持续发展的现代社会，产品在满足审美性、使用性的同时，材料的应用至关重要。通过分析现代社会、城市公共设施设计中材料的使用情况，并从绿色设计角度展望未来的材料前景。

材料的运用原则：一是要考虑到环保因素；二是考虑到各种材料特性；三是考虑到成本；四是运用不同的材料体现自身特点及美学特征。

### 6.2.1 金属

金属材料是现代工业的支柱，是工业化社会最重要的特征之一。金属材料能够依照设计者的构思实现多种造型，它是现代设计中的一大主流材质。

**1. 金属材料的性能**

金属材料是金属及合金的总称，其性能主要体现在以下几个方面：

（1）金属是电与热得良导体；

（2）它具有良好的延展性；

（3）可以制成金属化合物、合金，以此来改变金属的性能；

（4）表面具有金属特有的色彩和光泽；

（5）除贵金属外，几乎所有金属都易于氧化而生锈，产生腐蚀。

**2. 金属材料的成型加工**

在公共设施中，金属材料基本加工方法主要分为：铸造、塑性加工、切削加工、焊接和粉末冶金五大类，不同的制造方法与加工处理对金属材料特性影响都很大。

（1）铸造

铸造是将熔融状态的金属浇入铸型后，冷却凝固成为具有一定形状铸件的工艺方法。铸造成型成本低，工艺灵活性大，适应性强，适合生产不同材料、形状和重量的铸件，并适合于批量生产。缺点是公差较大，容易产生内部缺陷。铸造又分为砂型铸造、熔模铸造、金属铸造、压力铸造和离心铸造等。常用的铸造材料有铸铁、铸钢、铸铝、铸铜等。

（2）塑性加工

又称为金属压力加工。指在外力的作用下，金属坯料发生塑性变形，从而获得具有一定形状、尺寸和机械性能的毛坯或零件加工方法。特点是：产品可直接制取、无切削，金属损耗小。适合专业化大规模生产，不宜于加工脆性材料或形状复杂的制品。金属塑性分为锻造、轧制、挤压、拔制和冲压加工。

（3）切削加工

又称为冷加工。利用切削刀具在切削机床上或手工将金属工件的多余加工量切去，以达成规定的形状、尺寸或表面质量的工艺过程。按加工方式分为车削、铣削、刨削、磨削、钻削、镗削及钳工等，是最常见的金属加工方法。

（4）焊接加工

焊接加工是充分利用金属材料在高温作用下易熔化的特性，使金属与金属发生相互接连的一种工艺，是金属加工的一种辅助手段。常见的焊接方法有熔焊、压焊和钎焊。

（5）粉末冶金

粉末冶金是以金属粉末或金属化合物粉末为原料，经混合、成型和烧结，获得所需形状和性能的材料或制品的工艺方法。粉末冶金法能生产用传统加工方法不能或难以制得的制品，特别适合生产特殊性能和高性能的特殊材料，如高熔点金属、高纯度金属、硬质合金、不互熔金属、多孔性金属等，是一种“节能、省材、高效生产”的新技术，也是现代冶金工业的重要生产方法。

**3. 金属材料的分类**

金属材料种类繁多，按构成元素分为黑色金属和有色金属。

（1）黑色金属

黑色金属包括铁和以铁为基体的合金，如纯铁、铸铁、合金钢、高碳钢、钛合金等。黑色金属资源丰富，加工方便，生产成本低，硬度高，应用最为广泛。

（2）有色金属

有色金属包括铁以外的金属及其合金。常用的有金、银、铝、铜及铜合金、钛及钛合金等。有色金属硬度低弹性大，在设计时常需要加入特殊的形式以增强其结构能力，如多重褶皱的处理手法。

**4. 代表性公共设施金属材料说明**

（1）不锈钢

不锈钢亚光和高光的纹理质感，具有精密、高科技之感，在公共设施设计中常用于构件、细部的设计中，起到画龙点睛的作用（当然大面积运用一定要慎重）（图6–3）。

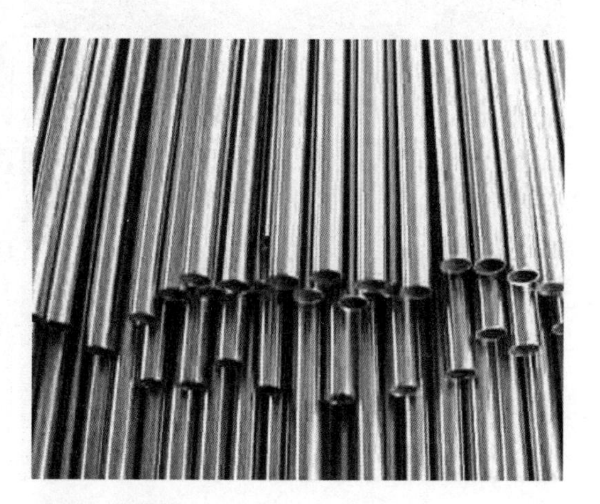

图6–3　不锈钢

①不锈钢材料特性

a．不锈钢是一种维护低成本、强度高、耐用的材料。

b．其纹理质感更容易融合于周围环境。

c．可以抵抗那些故意破坏公共设施的行为，因为其材料不容易刮、擦、刻、划，还有防蚀性。

②不锈钢材料在公共设施中的广泛运用

a．公共座椅 Seating

b．阻车柱 Bollard

c．自行车停放架 Cycle Security

d．垃圾箱 Litter Bins

e．扶手、栏杆 Railing

f．树池 Planters Bus Shelters

g．公共候车亭 Bus Shelters

h．信息牌 Poster Boards

i．雨棚 Door Shelters

j．雕塑 Sculpture

设计师Arnaud Lapierre设计的位于法国巴黎的不锈钢景观装置作品《环》( Ring )，一共运用125块镜面正方体和木块组成了这个环形装置。该装置考虑到了韵律、流畅性、组织性和空间条件等城市空间网络因素，并将这些因素通过经过处理的视觉效果再次展现给民众。装置改变了个人与空间的关系。从环形外面看，镜面反射周围的景象，这是该装置的第一层作用。人们也可以进入环形内部，看到镜面反射的自己的影像，营造出一个超越时间和界限的空间 ( 图6–4 )。

**图6–4 《环》，巴黎旺多姆广场不锈钢镜面公共艺术**

（2）铸铁

铸铁是一种铁合金材料，通过烧沸、浇注预制磨具中，脱模形成形态（图6−5）。

铸铁装饰品具有典雅美感。常用于扶手、门饰、座椅等具有古典风格的设施设计中。

铸铁材料在公共设施中的运用：

①公共座椅 Seating（图6−6）

②垃圾箱 Litter Bins

③栏杆、扶手 Post and Railing

④标识系统 Signage

图6–5　铸铁

图6–6　铁艺公共座椅

## 6.2.2　石材

### 6.2.2.1　天然石材

天然石材是指从天然岩体中开采出来的，并经加工成块状或板状材料的总称。建筑装饰用的天然石材主要有花岗岩和大理石两大种。

**1. 大理石**

又称云石，是重结晶的石灰岩，主要成分是$CaCO_3$。石灰岩在高温高压下变软，并在所含矿物质发生变化时重新结晶形成大理石（图6−7）。

大理石的特性有以下几点：

（1）不变形

岩石经长期天然时效，组织结构均匀，线胀系数极小，内应力完全消失，不变形。

（2）硬度高

刚性好，硬度高，耐磨性强，温度变形小。

图6–7　大理石

（3）使用寿命长

不必涂油，不易粘微尘，维护、保养方便简单，使用寿命长。不会出现划痕，不受恒温条件阻止，在常温下也能保持其原有物理性能。

（4）不磁化

测量时能平滑移动，无滞涩感，不受潮湿影响，平面称定好。物理性能：比重2970~3070kg/$m^3$耐压强度：2500~2600kg/$cm^2$弹性系数：1.3~1.5×106kg/$cm^2$吸水率。

在公共设施中，主要用于加工成各种型材、板材，作建筑物的墙面、地面、台、柱，还常用于纪念性建筑物如碑、塔、雕像等的材料。大理石还可以雕刻成工艺美术品、文具、灯具、器皿等实用艺术品。质感柔和美观庄重，格调高雅，是装饰豪华建筑的理想材料，也是艺术雕刻的传统材料。

**2. 花岗岩**

花岗岩（Granite），大陆地壳的主要组成部分，是一种岩浆在地表以下凝结形成的火成岩，主要成分是长石、云母和石英。花岗岩的语源是拉丁文的granum，意思是谷粒或颗粒（图6-8）。

**图6-8 花岗岩**

花岗岩质地坚硬致密、强度高、抗风化、耐腐蚀、耐磨损、吸水性低，美丽的色泽还能保存百年以上，是建筑的好材料，但它不耐热。

一般用途：

花岗岩得天独厚的物理特性加上它美丽的花纹使其成为建筑的上好材料，素有“岩石之王”之称，还有人用一观、二量、三听、四试来评价好坏。在建筑中花岗岩从屋顶到地板都能使用，人行道的路缘也是，若是把它压碎还能制成水泥或岩石填充坝。许多需要耐风吹雨打或需要长存的地方或物品都是由花岗岩制成的。比如台北“中正纪念堂”的牌子和北京天安门前人民英雄纪念碑都是花岗岩做的（图6-9）。

花岗岩过了千年仍历久不衰的特性，著名的埃及金字塔就证明了这一点。花岗岩结构均匀，质地坚硬，颜色美观，是优质建筑石料。抗压强度根据石材品种和产地不同而异，约为1000~3000kg/cm。花岗岩不易风化，颜色美观，外观色泽可保持百年以上，由于其硬度高、耐磨损，除了用作高级建筑装饰工程、大厅地面外，还是露天雕刻的首选之材。

## 6.2.2.2 人造石

人造石材是以天然石材为基本原料，经一定的加工程序制成的，是天然石材的再利用。人造石材兼备大理石的天然质感、坚固质地，木材的易加工性，是新一代高科技产品，现今在公共设施设计中被广泛使用。

图6-9　中正纪念堂

**1. 人造石材的性能**

（1）无放射性、阻燃性，使用安全。

（2）极具可塑性，可以做出任何造型。

（3）抗物理强，易清洁，不易被染色。

（4）抗菌防霉、耐磨、耐冲击，可重复翻新。

（5）制造简便、生产周期短、成本低。

**2. 人造石材的分类及加工工艺**

按照人造石材生产所用原料，可分为四大类：

（1）树脂型人造石材

树脂型人造石材是以不饱和树脂为胶结剂，与天然大理碎石、英砂、方解石、石粉等按一定的比例配合，再加入催化剂、固化剂、颜料等外加剂，经混合搅拌、固化成型、脱模烘干、表面抛光等工序加工而成。成型方法有震动成型、压缩成型和挤压成型。不饱和聚酯类的石材光泽好、易于成型、颜色浅，容易配置成各种明亮的色彩与花纹；固化

图6-10　树脂型人造石

快，常温下可进行操作，是目前使用最广泛的石材。室内装饰工程中采用的人造石材主要就是该类（图6-10）。

（2）复合型人造石材

复合型人造石材制作的工艺是：先用水泥、石粉等制成水泥砂浆的坯体，再将坯体浸于有机单体中，使其在一定条件下聚合而成。复合型人造石材制品的造价较低，但它受温差影响后聚酯面易于产生剥落或开裂（图6-11）。

图6-11 复合型人造石

（3）水泥型人造石材

常用种类水磨石和各类花阶砖。水泥型人造石材是以各种水为胶结材料，砂、天然碎石为细骨料，经配制、搅拌、加压蒸养、磨光和抛光后制成的人造石材。配制过程中，混入色料，可制成彩色水泥石。水泥型石材的生产取材方便，价格低廉，但其装饰性较差（图6-12）。

（4）烧结型人造石材

烧结型人造石材的生产方法与陶瓷工艺相似，是将长石、石英、灰绿石、方解石等粉料和赤铁矿粉，以及一定量的高岭土木材共同混合，一般配比为石粉60%，黏土40%，采用混浆法制备坯料，用半干压法成型，再在炉窑中以1000℃左右的高温焙烧而成。烧结型人造石的装饰性好，性能稳定，但需经高温焙烧，因而能耗大，造价高（图6-13）。

图6-12 水泥型人造石

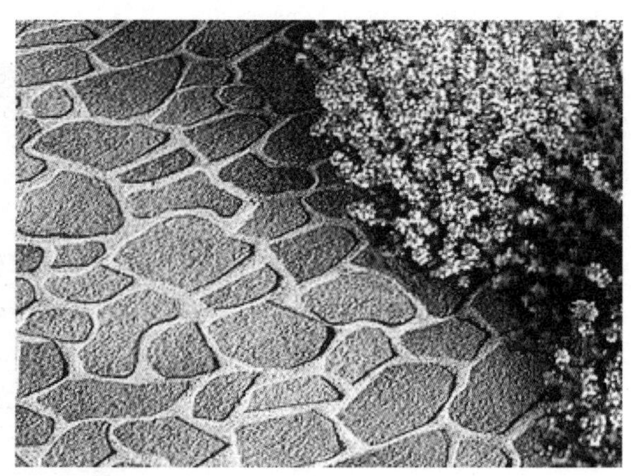

图6-13 烧结型人造石

### 6.2.2.3　塑料

塑料是具有多种特性的使用材料，其品种繁多、性能优良、加工成型方便、成本低廉，当今已广泛应用于工业、轻工业的各个部门，它与金属、木材具有同样重要的地位。

**1. 塑料的性能**

塑料能够满足产品自由成型、加工方便的要求，并具有良好的综合性能。

（1）质轻，强度高。

（2）多数塑料制品有透明性，便于着色，且不易变色。

（3）具有优异的电绝缘性，可被用作产品或建筑物的绝热保温材料。

（4）优良的耐磨、自润滑性。

（5）良好的耐腐蚀性。

（6）成型加工方便，便于大批量生产。

（7）与其他工业材料相比也有缺点：不耐高温、低温容易发脆；容易变形；易老化。

**2. 塑料的成型加工**

塑料的成型加工方法很多，每种方法的选择取决于塑料的类型、特征、起始状态及制成品的结构、尺寸和形状等。根据加工时塑料所处状态的不同，塑料成型加工的方法大致可分为以下三种：

（1）处于玻璃态的塑料，可采用车、铣、钻、刨等机械加工方法的电镀、喷涂等表面处理方法。

（2）当塑料处于高弹态时，可以采用热压、弯曲、真空成型等加工方法。

（3）把塑料加热到粘流状态，可以进行注射成型、挤出成型、吹塑成型等加工方法。

**3. 塑料的分类**

塑料种类繁多，按热行为可分为热塑料性塑料和热固性塑料。

（1）热性塑料

热性塑料加热时材料软化，由固态转化成液态，冷却后不回复固态，目前塑料材料使用最多的一种。其柔软富有弹性，可塑性极佳，但强度和硬度较差。如氯乙烯（PVC）、聚乙烯（PE）、聚苯乙烯（PS）、聚丙烯（PP）、尼龙（Nylon）都是常用的热性塑料（图6-14）。

图6-14　乙烯塑料（热性塑料）

（2）热固性塑料

此类塑料原料一旦加热发生变化后，就具有硬度，冷却后即使再加热也无法软化，因此其无法回收再利用，但优点为耐高温、耐化学药品侵蚀、绝缘性良好、形态固定，具有较高的强度和硬度。因为成型上的限制较多，所以造型发展亦相对减少。电木（Bakelite）、尿素树脂（Urea resins）、环氧树脂（Epoxy resins）等均属于热固性塑料（图6-15）。

由penda设计的“cola-bow”是一个公共艺术装置，由17000多个回收的塑料可乐瓶组成，它们被绑在一起，形成了曲线形的可口可乐logo图案。这件作品希望能唤起公众对塑料污染的重视，鼓励市民将回收塑料瓶作为经常性地环保行为来推广（图6-16）。

图6-15 热固性塑料

图6-16 塑料公共装置作品《Cola-Bow》

### 6.2.2.4 玻璃

在各种自然材料和人工材料日益丰富的今天，玻璃正前所未有地发挥着它优良的特性，逐渐成为人们现代生活、生产和科学实验中的不可或缺的重要材料。

**1. 玻璃的性能**

（1）硬度较大，比一般金属硬。

（2）高度透明，具有吸收和通过光线的性能，有的玻璃还有防辐射的特性。

（3）常温下玻璃是电的不良导体，熔融状态时则变成导体。

（4）导热性很差，一般承受不了温度的急剧变化。

（5）化学性质较稳定，但是耐碱腐蚀性较差。

**2. 玻璃的成型加工**

玻璃的成型是将熔化的玻璃液加工成具有一定形状和尺寸的玻璃制品的工艺过程。常见的成型加工方法有：压制成型、吹制成型、拉制成型和压延成型。

（1）压制成型

压制成型是在模具中加入玻璃熔料加压成型，多用于玻璃盘碟、玻璃砖等的制作。

（2）吹制成型

吹制成型是先将玻璃粘料压制成雏形块，再将压缩气体吹入处于热熔态的玻璃型块中，使之吹胀成为中空制品。吹制成型可分为机械吹制成型和人工吹制成型，用来制造器皿、灯泡等。

Dale Chihuly的玻璃艺术，充满了天马行空的趣味与富于变化的韵律感。而同时，其装置的感染力则为其在高端艺术领域与大众中取得了广泛的知名度。他的作品立意清新，容易使人产生具象的联想。尺寸颇大的作品中柔和的曲线、绚丽的色彩、变化微妙的形体，给人柔软的感觉。仿佛微风吹来就能将形体改变，这使得玻璃材质中冷峻、坚硬的特性不再为人所见，展现的只是它晶莹、剔透的一面。通过玻璃的透明性来显示作品的现代感，他将吹制技术推向一个更高的境界。玻璃吹制本身是一项古老的传统工艺，Chihuly则使其作为一样媒介，打破了人工与自然之间的界限，成为现代美国玻璃艺术界的重要人物（图6-17）。

（3）控制成型

拉制成型是利用机械拉引将玻璃熔体制成制品，分为垂直拉制和水平拉制，主要用来生产平板玻璃、玻璃管、玻璃纤维等。

（4）压延成型

压延成型是将玻璃熔体压成板状制品，主要用来生产压花玻璃、夹丝玻璃等。

**3. 玻璃的分类**

玻璃品种繁多，常见的有以下几种：

（1）平板玻璃

平板玻璃是板状玻璃的统称。具有透光、透视、隔热、隔声、耐磨等特性，彩色玻璃、镀膜玻璃、钢化玻璃、夹层玻璃等特殊制品就是通过对平板玻璃进行着色、表面处理、强化、复合等方法制成的（图6-18）。

（2）器皿玻璃

这是一种用于制造日用器皿、艺术品和装饰品的玻璃。这种玻璃具有很好地透明度和白度，表面洁净有光泽，有较好的热抗震性、化学稳定性和机械强度（图6-19）。

（3）泡沫玻璃

泡沫玻璃又称多孔玻璃，是一种由均匀气孔组成的玻璃。气孔封闭的泡沫玻璃机械强度高、不透气。不燃、导热系数小、不变形，经久耐用，可进行锯、钻、钉等加工，是一种练好的保温绝热材料。气孔相连或部分相连的泡沫玻璃具有较大的吸音系数，多作为吸音材料。泡沫玻璃还可制成各种不同颜色，且永远不褪色，是良好的装饰材料（图6-20）。

（4）微晶玻璃

微晶玻璃又称陶瓷玻璃，其结构、性能及生成方法兼具玻璃和陶瓷两者的性能，具有优良的机械强度、化学稳定性、热稳定性及机械加工性（图6-21）。

图6-17 Dale Chihuly的玻璃艺术

机械强度、化学稳定性、热稳定性及机械加工性（图6-21）。

（5）其他玻璃

①玻璃马赛克是一种小规格的乳浊状半透明色彩饰面玻璃。表面平整光滑，背面有凹槽纹利

于砂浆粘结。玻璃马赛克色彩丰富、色调柔和：质地坚硬、不积尘，化学稳定性和热稳定性好。多被拼合成各图案，用于建筑物的墙面装饰（图6-22）。

②玻璃空心砖

玻璃空心砖强度高，绝热、隔音、耐火，多用来砌筑透光墙壁（图6-23）。

图6-18　平板玻璃

图6-19　器皿玻璃

图6-20　泡沫玻璃

图6-21　微晶玻璃砖

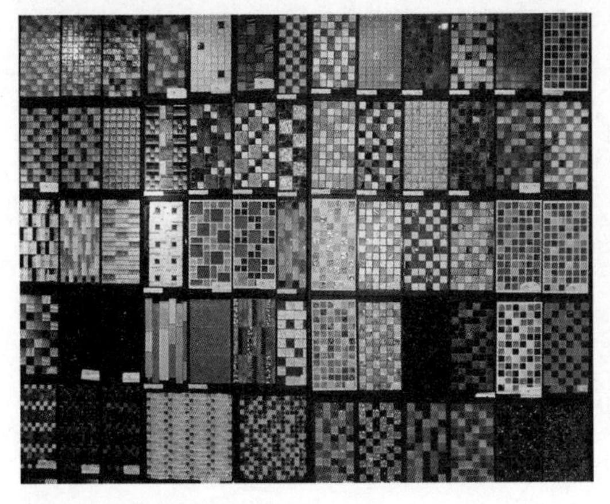

图6-22　玻璃马赛克

图6-23　玻璃空心砖

**4. 玻璃的循环再生**

由于玻璃不能被生物降解，所以对废弃玻璃的处理不应当采用填埋的方法。玻璃的好处就在于它100%可再生。旧玻璃可以很容易地被制成新的玻璃产品而且与纸张不同的是，玻璃可以反复地循环再生，因为玻璃不会像纸张中的木质纤维那样被轻易地损伤。既然如此，我们就没有理由看着成千上万吨的玻璃被埋进土里。

玻璃的整个循环过程相当简单。当废玻璃被送回收工厂以后，供人会对不同颜色的玻璃进行分类，分类后的玻璃随后会被碾碎成豌豆般大小一致的玻璃颗粒。这些颗粒会经过各种机器的处理来去除金属和塑料等杂志。最后经过锅炉融化和成型，新的玻璃产品就产生了。

玻璃有着不同的颜色。德国和荷兰的居民将在旧玻璃瓶丢进分类收集箱前，都会用水将瓶冲洗干净，并且会根据颜色把它们进行分类，这种习惯是其他国家的公民所没有的，至少还不能够成为一种社会风气。

### 6.2.2.5 复合材料

复合材料是指把一种材料用人工方法均匀地分散在另一种材料中，以克服单一材料的某些弱点，发挥综合性能特征。

复合材料一般是由高强度、高模量和脆性很大的增强剂与强度低、韧性好、低模量的基体组成的。常用玻璃纤维、石灰纤维、硼纤维等做增强剂，用塑料、树脂、橡胶、金属等作基本，组成各种复合材料，玻璃增强树脂（即玻璃钢）就是很好地设施材料。

**1. 玻璃钢**

**2. 有机玻璃**

有机玻璃是一种通俗的名称，从这个名称看，未必能知道它是一种什么样的物质，也无从知道它是由什么元素组成。这种高分子透明材料的化学名称叫聚甲基丙烯酸甲酯，是由甲基丙烯酸价聚酯合而成的。

1927年，德国罗姆·哈斯公司的化学家在两块玻璃隔板之间将丙烯酸酯加热，丙烯酸酯发生聚合反应，生成了粘性的橡胶状夹层，可用作防破碎的安全玻璃。当他们用同样的方法使甲基丙烯酸甲酯聚合时，得到了透明度既好，其他性能也良好的有机玻璃板，它就是聚甲基丙烯酸甲酯。

1931年，罗姆·哈斯公司建厂生产聚甲基丙烯酸甲酯，首先在飞机工业得到应用，取代了赛璐珞塑料，用作飞机座舱罩和挡风玻璃。

如果在生产有机玻璃时加入各种染色剂，就可以聚合成为彩色有机玻璃；如果加入荧光剂（如硫化锌），就可聚合成荧光有机玻璃；如果加入人造珍珠粉（如碱式碳酸铅，则可制得珠光有机玻璃。

（1）有机玻璃的种类

有机玻璃按照外形可分为四种。

①无色透明有机玻璃是最常见、使用量最大的有机玻璃材料。

②有色透明有机玻璃：俗称彩板。透光柔和，用它制成的灯箱、工艺品，使人感到舒适大方。有色的有机玻璃分：透明有色、半透明有色、不透明有色三种。有机玻璃光泽不如珠光有机玻璃鲜艳，质脆、易断、适于制作表盘、盒、医疗器械和人物、动物的造型材料。透明有机玻璃：透明度高，宜制灯具。用它制成的吊灯玲珑剔透、晶莹澄澈。半透明有机玻璃类似磨砂玻璃，反光柔和，用它制成的工艺品，使人感到舒适大方（图6–24）。

图6–24　有色有机玻璃

③珠光有机玻璃：是在一般有机玻璃加入珠光粉或荧光粉制成。这类有机玻璃色泽鲜艳，表面光洁度高，外形式经模具热压后，即使磨平抛光，仍保持模压花纹，形成独特的艺术效果。用它可制作人物、动物造型，商标，装饰品及宣传展览材料。

图6–25　压花有机玻璃

④压花有机玻璃：分透明、半透明无色，质脆，易断，在室内门窗等装饰中使用，具有既可透光但又不透形的特点，通常在室内隔断或分隔室内间的门窗使用（图6–25）。

（2）有机玻璃的特性

聚甲基丙烯酸甲酯通常称做有机玻璃，英文缩写PMMA，具有高透明度，低价格，易于机械加工等优点，是平常经常使用的玻璃替代材料。有机玻璃是开发较早的一种重要热塑性塑料，具有透明性、稳定性和耐候性，易染色、易加工，外观优美，在建筑业中有着广泛的应用。

①高度透明性。有机玻璃是目前最优良的高分子透明材料，透光率达到92%，比玻璃的透光度高。被称为人造小太阳的太阳灯的灯管是石英做的，这是因为石英能完全透过紫外线。普通玻璃只能透过0.6%的紫外线，但有机玻璃却能透过73%。

②机械强度高。有机玻璃的相对分子质量大约为200万，是长链的高分子化合物，而且形成分子的链很柔软，因此，有机玻璃的强度比较高，抗拉伸和抗冲击的能力比普通玻璃高7~18倍。有一种经过加热和拉伸处理过的有机玻璃，其中的分子链段排列得非常有次序，使材料的韧

性有显著提高。用钉子钉进这种有机玻璃，即使钉子穿透了，有机玻璃上也不产生裂纹。这种有机玻璃被子弹击穿后同样不会破成碎片。因此，拉伸处理的有机玻璃可用作防弹玻璃，也用作军用飞机上的座舱盖。

③重量轻。有机玻璃的密度为1.18g/$cm^3$，同样大小的材料，其重量只有普通玻璃的一半，金属铝（属于轻金属）的43%。

④易于加工。有机玻璃不但能用车床进行切削，钻床进行钻孔，而且能用丙酮、氯仿等粘结成各种形状的器具，也能用吹塑、注射、挤出等塑料成型的方法加工成大到飞机座舱盖，小到假牙和牙托等形形色色的制品。

（3）有机玻璃的应用

有机玻璃应用广泛，不仅在商业、轻工、建筑、化工等方面。而且有机玻璃制作，在广告装潢、沙盘模型上应用十分广泛，如：标牌、广告牌、灯箱的面板和中英字母面板。

选材要取决于造型设计，什么样的造型，用什么样的有机玻璃、色彩、品种都要反复测试，使之达到最佳效果。有了好的造型设计，还要靠精心的加工制作，才能成为一件优美的工艺品。

①建筑应用：橱窗、隔音门窗、采光罩、电话亭等。

②广告应用：灯箱、招牌、指示牌、展架等。

③交通应用：火车、汽车等车辆门窗等。

④医学应用：婴儿保育箱、各种手术医疗器具民用品：卫浴设施、工艺品、化妆品、支架、水族箱等。

⑤工业应用：仪器表面板及护盖等。

⑥照明应用：日光灯、吊灯、街灯罩等。

⑦家居应用：果盘、纸巾盒、亚克力艺术画等家居日用产品。

**3. 混凝土**

混凝土，简称为“砼（tóng）”：是指由胶凝材料将集料胶结成整体的工程复合材料的统称。通常讲的混凝土一词是指用水泥作胶凝材料，砂、石作集料；与水（可含外加剂和掺合料）按一定比例配合，经搅拌而得的水泥混凝土，也称普通混凝土，它广泛应用于土木工程（图6–26）。

**图6–26 混凝土**

图6-27　巴黎拉德芳斯街头公共设施艺术设计

图6-27为设计师La Ville Rayée在巴黎拉德芳斯街头设计的公共艺术作品Stanzes。这些公共设施形成造型独特的遮挡物，多种就座方式的选择，内部还安装了无线屏幕或橙色触屏公用电话。它们是由高性能混凝土制成的，每一个都是一个整体，数码功能则在由金属制成的第二层空间里。这些系列装置的造型独特美观。艺术感强，功能灵活，可塑性强，没有固定的身份和功能，市民可根据自己的理解和想象使用它们（图6-27）。

4. 木材

木材是历史悠久的天然材料之一，具有亲切、自然、肌理细腻、淳朴之感，性温，已成型，具有良好的弹缩性，湿胀、干缩，但易于变形。

现代科学技术湿木材逐渐扩大到木质材料的范畴，包括实体木材、胶合板、纤维板、刨花板等，是可以多次重复循环使用的再生材料。

最常用与人接触密切的地方，如座椅、拉手、扶手、儿童设施等。

木材及饰面板的种类繁多，色彩多样，还可以根据不同的需要进行染色处理，公共户外设施所用木材要做防腐、防潮、阻燃处理。

在2011年神户双年展上，24°设计工作室设计安放了这个纯木质结构的装置艺术设计，该项目是日本神户市举办的Shitsurai国际艺术展比赛的获奖作品之一。利用木工制作上百件绞合片链接在一起的可移动公共装置，可以做一个公共座椅项目，安装在各个不同环境的地域使用，集游乐、休憩于一体的实用主义设计，建立一个小区域的公共活动聚集点，扩大社会交往的基地中心，很舒爽的设计方案（图6-28）。

图6-28 纯木质结构的装置艺术：火山湖公共座椅

# 第 7 章

# 公共艺术作品赏析

# 案例一　鸟瞰（Birds Eyes View）

设计者：Noma Bar

摄影：Masayoshi Hichiwa，Satoko Maeda

地点：日本，小诸

此公共艺术设施坐落在Momofuku Ando中心的一个高点，它是一个巨大的鸟形设施，由叶子形木板制成。它的灵感来源于设计师偶然间看到的斜靠在一起的两片叶子，看起来像一只鸟。这个设施从不同的角度看，可以看到不同的鸟的形状，这增添了视觉上的趣味性并能让公众去探寻这件设施在不同方位所起到的不同作用。从左边和右边望去，你可以看到鸟的形状；从右边看这只“鸟”，你可以看到叶子形状变化成了台阶，且延伸到其内部空间；然而顺着台阶，直到内部顶端的平台，你又可以享受到Asama这座山的美丽的“鸟瞰”。

站在5m高的地方看过去，支撑这只“鸟”的结构被周边树的树干“隐藏”了，使得这“鸟”与周边环境和谐万分。通过简单的几何造型和便宜且易得的材料，设计者在公共空间中创造了一个大尺量的物体，让公众发挥自己的想象力去发掘它的奥妙。

图7-1

图7–2

图7–3

图7–4

图7–5

图7–6

# 案例二　他（He）

设计者：BAM！Bottega diavehitelura metropolitana

摄影：Alberto Sinigaglia

地址：意大利，罗马

意大利罗马，扎哈哈迪德设计的MAXXI旁出现了一个不一样的“他”（He）。他（He）是一个悬浮体，通过形状、色彩，还有水与博物馆发生着互动。He截然不同的造型以及巨大的力场吸引着人们前往。

He是有着几何的造型，很轻的重量和大量曲线形支撑的公共艺术设施。由于它用轻质透明的材料做成的，所以它能随风舞动。He下方的基座是由木质平台做成，并安装着符合人体工程学的座椅，让人们可以舒适地停留以及嬉戏。此外还有定时系统进行按时喷水，塑造一个清新的水空间。不同光线下，He的色彩也会发生微妙变化。到了夜晚，He则变成一个照耀着博物馆广场的大灯笼。以上这些，都能给公众带来新鲜感并促使他们与“他”沟通互动。

多学科的广泛合作成就了He的最终姿态。设计运用了最少的强力钢缆，降低结构材料耗费。织物则使用了农业和航海用织物材料。这个为YAP 2013所做的不一样的“He”，成为了MAXXI广场上的新主角。

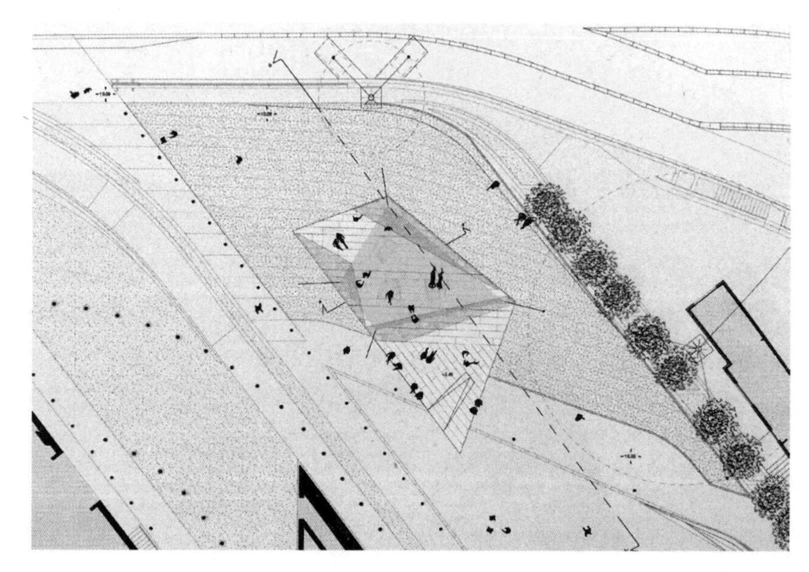

图7–7

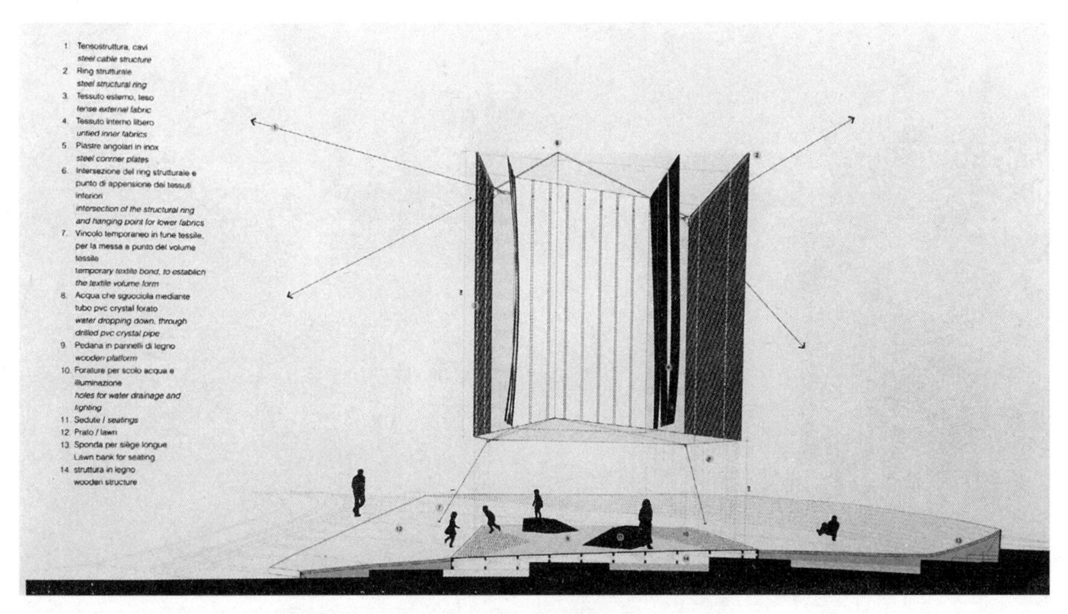
1. Tensostruttura, cavi
steel cable structure
2. Ring strutturale
steel structural ring
3. Tessuto esterno, teso
tense external fabric
4. Tessuto interno libero
untied inner fabrics
5. Piastre angolari in inox
steel conrner plates
6. Intersezione del ring strutturale e
punto di appensione dei tessuti
inferiori
intersection of the structural ring
and hanging point for lower fabrics
7. Vincolo temporaneo in fune tessile,
per la messa a punto del volume
tessile
temporary textile bond, to establich
the textile volume form
8. Acqua che sgocciola mediante
tubo pvc crystal forato
water dropping down, through
drilled pvc crystal pipe
9. Pedana in pannelli di legno
wooden platform
10. Forature per scolo acqua e
illuminazione
holes for water drainage and
lighting
11. Sedute / seatings
12. Prato / lawn
13. Sponda per siège longue
Lawn bank for seating
14. struttura in legno
wooden structure

图7–8

图7–9

图7–10

图7–11

图7–12

# 案例三　乐园（Playland）

设计者：BAM！ Bottega diavehitelura metropolitana

摄影：Alberto Sinigaglia

地址：意大利，罗马

Playland是一个充满弹性和色彩的设施，是为了儿童而设。“O MundoaoContrario”（原意指“颠倒的世界”）。一个为时一周的事件将这个安静的葡萄牙北部村庄变成了一个有剧场、剧院、马戏团和其他设施，将这里变成一座可供上百儿童玩乐的游乐场。Playland是一个由当地志愿者赞助的现货供应娱乐设施的场所，它有三个不同的部分：一个不正式的舞台，在那儿，孩子们可以看到不同的表演；一个低矮的筒仓形状的设施，孩子们可以自由进入；一个小的管状建筑物，孩子们可以穿过它并可以在它周围奔跑。

从水环境中脱离出来，（海滩浮板）用了三种颜色：绿色、橘色和粉色，它用了模数结构元素，使得可以创建一个原属于水里的明亮和多彩的世界。

图7-13

孩子们就犹如在海里玩耍或者在游泳池里玩耍一样，海滩浮板本身就是一个多彩的，非常吸引人的物体，甚至，由于它是可充气的，它很快就可以在没有失去重量的情况下变得非常庞大，并且它很容易控制。这种做法，促进了这种大尺量的临时性公共设施的创造。

用这种圆形救生圈垂直和水平分布，这个充气设施在空地有多种乐趣，有时还可以为在此地休闲看书的人遮阴。

图7-14

图7-15

图7-16

图7-17

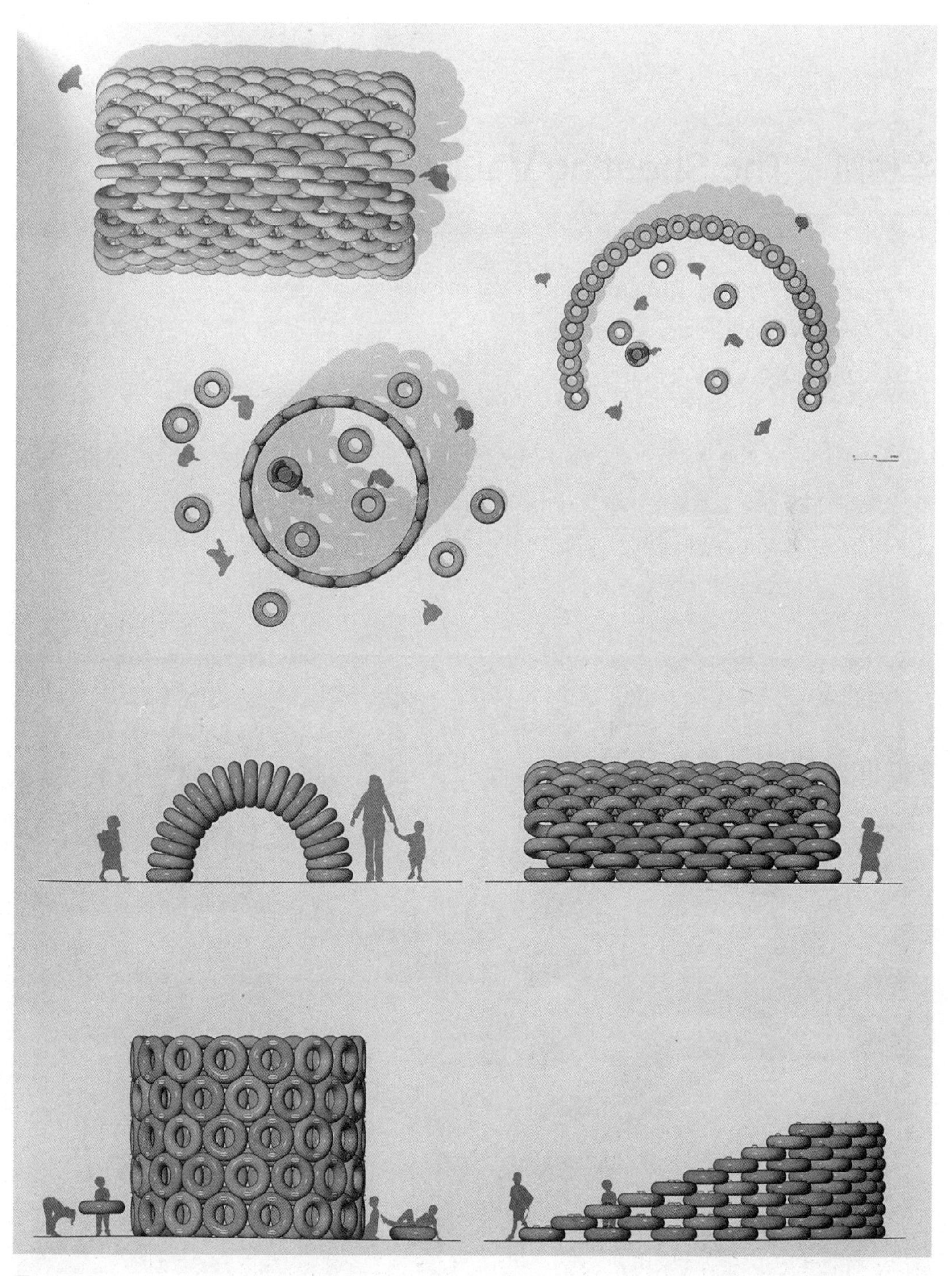

图7–18

## 案例四 The Shooting Vaults

设计者：AterlierYokYok，Ulysse Lacoste，Laure Qaremy

摄影：AterlierYokYok，Ulysse Lacoste

地址：法国，卡奥尔

抛开周边的石质建筑不谈，它们围合的这个空间是个迷人的花园。这座神圣的建筑被与其相似的造型体联系起来。原来的拱形用一个彩色的编织结构连接起来，使它变得轻巧又神秘。因此，这是一个带有非物质化架构的建筑，当步行者身在其中的时候可以欣赏它的变化，并由这些悬浮的阿里阿德涅线程[1]带领至空间中心。

图7-19

[1] 阿里阿德涅之线，来源于古希腊神话。常用来比喻走出迷宫的方法和路径，解决复杂问题的线索。

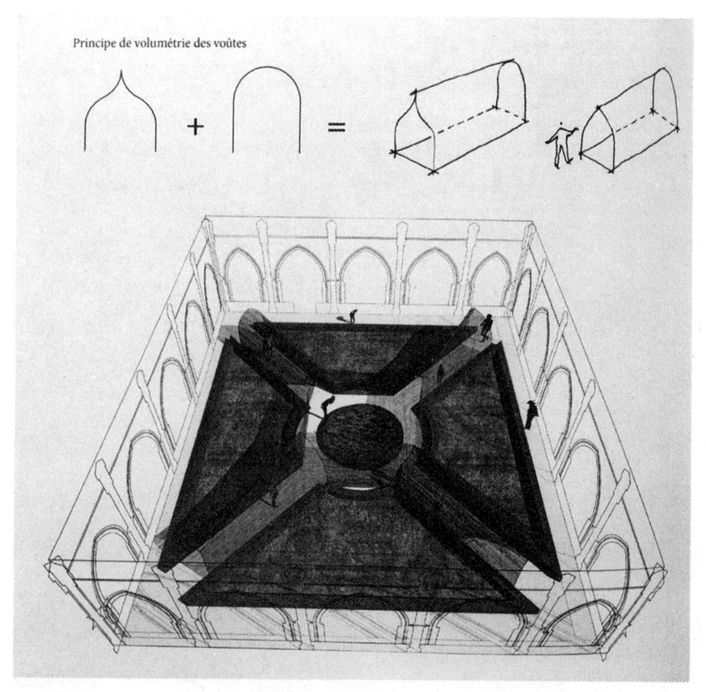


图7–20

图7–21

图7-22

图7-23

图7-24

图7-25

图7-26

图7-27

# 案例五　橘园（The Orangery）

设计者：Lenschow & Pihinann

摄影：Hampus Berndtson

地址：丹麦

橘园（The Orangery）坐落在丹麦西北部的Gl Holtegaard艺术画廊的规则式庭园里。橘园通过对巴洛克时期一座标志性的建筑的重新演绎，让人们在巴洛克时期和现代这两个时期中穿越。这座标志性的建筑便是由Francesco Borromini（1599~1667）设计的罗马San Carlo教堂。Borromini用基本的几何形、圆形和椭圆形创造了一个极美的、动态的教堂空间。橘园这件公共设施作品，在首层就采用了Borromini的建筑形式，类似于教堂的建筑草图。橘园由表面覆盖着坚固的塑料材质的钢结构组成。这种塑料材质是一种特殊的"塑料膜"，它能作为保护材料用在车、船和其他大型物体上。在橘园里面，是一座真正种植橘树的地方。橘树被挂在橘园的拱顶上。

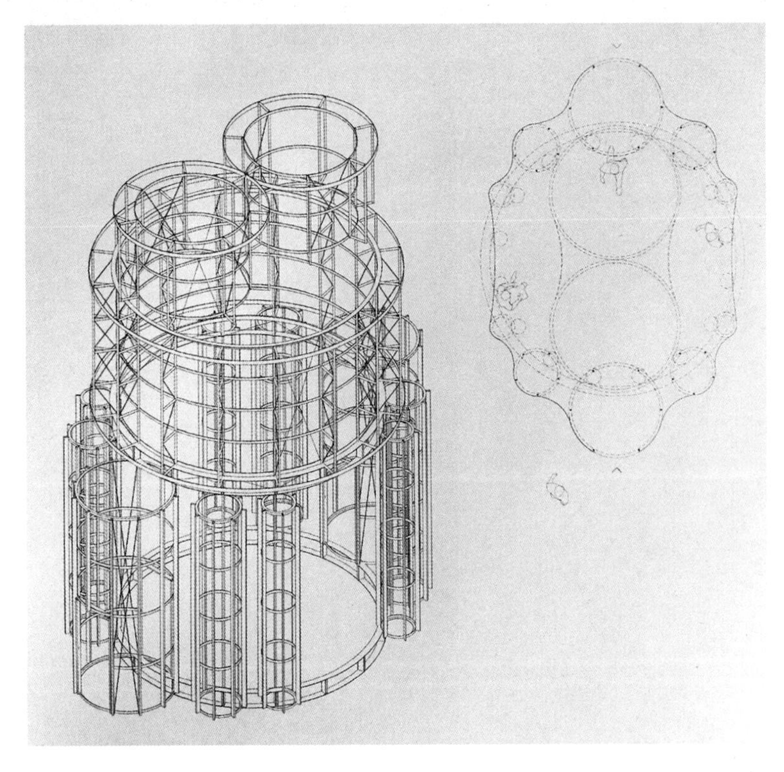

图7–28

橘园这件作品，将建筑和公共设施充分地结合在一起，它用我们当今社会的高科技技术和材料，重新诠释了一个经典建筑的造型。它所用的材料可能不是最好看的，但是一定是最能迎合使用需求的，这也正符合当今公共设施设计的内涵。

图7-29

图7–30

图7–31

## 案例六　光折纸（Light Origami）

设计者：Masakazu Shirane

摄影：Moto，NSW Destination

地址：澳大利亚，悉尼

Light Origami让来访者在这个巨大的3D万花筒里探索大自然的真实性。它的拱顶结构上布满了灯，并且由320片铝制板做成折纸的造型，通过改变光波和内部铝板的反射，这个设施内就营造出犹如在万花筒内部的效果。

它的工作原理就和传统的万花筒如出一辙：当来访者进入到这个设施里，新的且独一无二的形式就被创造了。尤其要强调的是，公众既是参与者，也是这个巨大体量设施的共同创造者。来访者的影像也会被内部铝板反射，像个万花筒一样。来访者可以从不同角度观赏，并且看到不同的景象。

这个铝板结构由3D数码计算机技术造型，每一块板仅由一个螺栓连接。

图7-32

图7-33

图7-34

图7-35

# 案例七　光之声（Sound of Light）

设计者：Plastique Fautastique，Marco Barotti

摄影：Marco Canevacci，Simons Serlenga

地址：德国，哈姆

“光之声”这个设施建于1912年，最初作为音乐看台而设计。它之所以叫“光之声”，是因为它将阳光能转变成声音频率。

高清摄像头被安装在这个设施的顶端，并且分成了6种颜色——RGB和CMY。这6个悬挂的、彩色的气动结构柱被设计成能接收不同频率光波。它能将可视的，转变成可听的。一系列的低音扩音器被直接安装在每个柱子的底部，并且将这一整个设施转化成为一个巨大的震动扩音器。

“光之声”由色相、饱和度和明亮度构成。通过声音和建筑的融合，听众们在其中就仿佛经历着梦境。这种感受是通过色彩、形状、声音和震动的叠加得到的。来访者同样可以发现通过他们变化自己所站的位置能听到属于自己的音乐会——那是因为每个人自己独特的光谱。

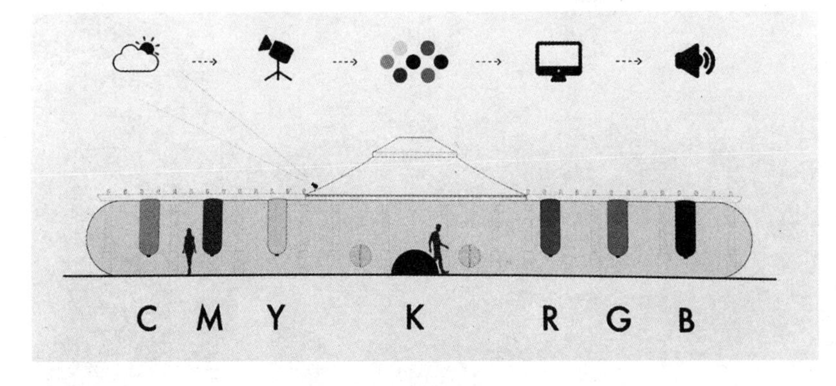

图7-36

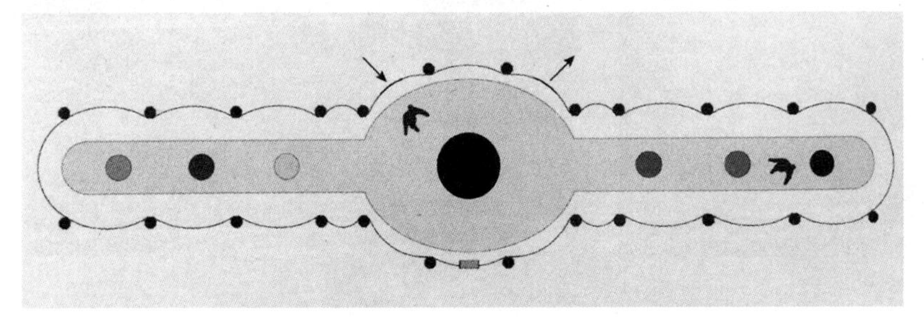
图7-37

图7–38

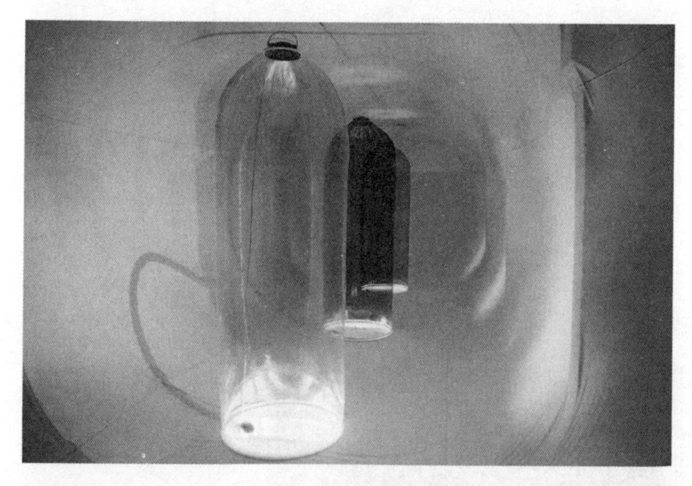

图7–39

图7–40

# 案例八　春天的森林（Spring Forest）

设计者：Draisei Studio

摄影：Carlo Draisci

地址：英国，伦敦

Spring Forest是Draisci Studio为克勒肯维尔设计周设计的公共设施。这个设施由100根顶部装有伞的3.5m的瘦高杆子构成，就像一个超现实的红色和粉色的罂粟花森林。整个设施覆盖面积是5m×10m。它将成为在克勒肯维尔的圣詹姆士教堂的城市绿化标记。它提供了一个远离快节奏城市的舒适僻静之地。红色泡沫包的脚手架材料形成了独特的、可恢复的公共环境空间。为了要扭转伞是英国多变天气的象征的固有观念，这座临时性设施用不同于一般的顶棚过滤掉光线，为公众创造了一个生机勃勃的氛围。

在这个开放的网格使公众交往，既是社交行为，也是私密行为。

这个工程的伞由Fulton Umbrellas提供。

图7–41

图7-42

图7-43

图7-44

图7–45

# 案例九　舷窗（The PortHole）

设计者：Antonio Nardozzi，Maria Dolores del Sol Ontalbo

摄影：Paul Kozlowski，TizianoZannord，TOMA！

地址：法国，拉格兰德莫特

The PortHole是实验性建筑，它运用了透视定位技术，用一种革新的方式展现出来。整个休憩空间变成了一个平展的符号，一个在拉格兰德莫特的虚拟舷窗。随着不断的连续演化，这个设施可以从不同的角度看上去改变自己的特征。它能做到这样，是由于其变形的，完美的环形。

这种变形的形式通过特定的视觉和数学程式设计出来。一开始是一个立方，而后又被再创造成为一个纯粹的环形几何体——一个绕转的方形！

这个设施的轮廓通过不断利用形状的变化和码头周围的船只重新解释着这座城市的全景。它变化的形状，就仿佛是被风吹蚀而成。它也可以被用来当作行人休憩时的遮阴地。The PortHole是一个令人感到舒适的城市景观。它邀请着行人们在周围走过的时候发现意想不到的视觉景观。

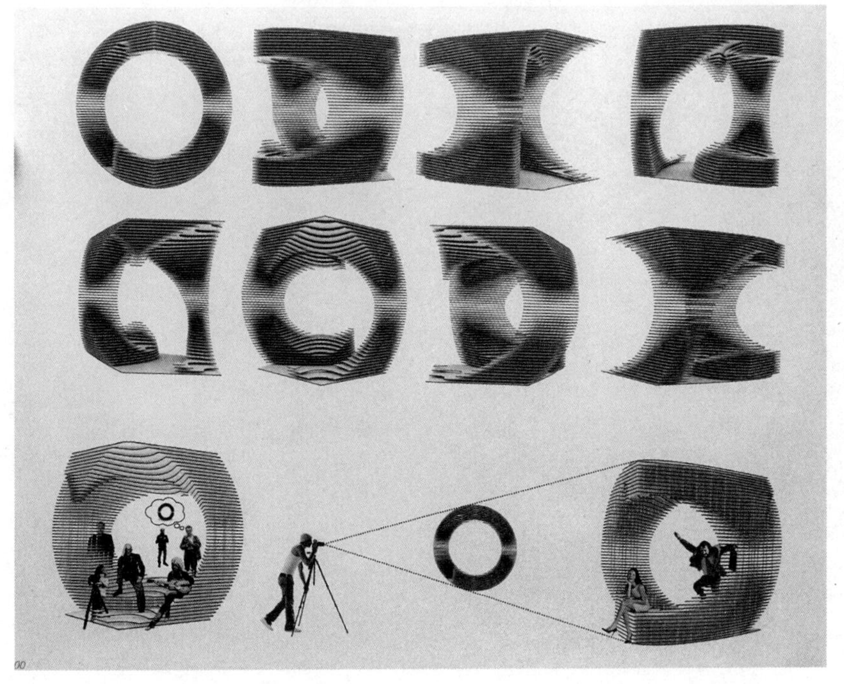

图7–46

这个设施的大小为3m×3m，由120层不同大小的MDF（中密度纤维板）厚木板制成。

这个设施外形上的轻飘感是由板与板之间的间隙造成的，只在有角的地方安装了金属螺丝钉。这使得人们从各个角度看到最少数量的金属构件。

The PortHole提供了一种体验——通过景观设计的深思熟虑致力于给予人们快乐……

图7-47

图7-48

图7-49

图7-50

图7-51

SUPER
La Grande Motte
Zone Artisa
LIVRAISON à DOM
OUVERT NON STO
Ouvert le Dimanch
图7–52

F
图7–53

# 案例十 白云（White Cloud）

设计者：Mark Reigelman

摄影：Mark Reigelman

地址：美国，克利夫兰

White Cloud是一个为了给克利夫兰艺术博物馆建造的一个临时公共设施。这个设施是由将近100个氯丁橡胶气球组成。它在地面上的尺寸延伸超过了250英尺，向天空延伸有30英尺高。它用最简单的方式创造出了对环境有最大影响的城市公共艺术设施。White Cloud完全是由气体形成一个像云朵一般的城市景观，它能随风起舞，还被配合了一些灯光照明工程；它营造了一个如梦般的场景，一时改变了这座新古典主义的博物馆建筑。

图7–54

图7–55

图7–56

图7–57

图7–58

图7–59

图7-60

图7-61

# 参考文献


[1] 于晨. 壁画艺术与公共艺术 [J]，艺海，2013，7.

[2] 王冠. 浅析壁画与公共艺术的关系 [J]，安徽文学（下半月），2011，1.

[3] 邢洁. 城市公共空间中的休息设施设计研究 [D]，北京工业大学，2008.

[4] 杨正，杨克修，杨凯华. 城市公共设施的模块化设计 [J]，包装工程Vo1.7，No.5006，10.

[5] 钟远波. 公共艺术的概念形成与历史沿革 [J]，艺术评论，2009：63-66.

[6] 吕洋，吴贵凉. 公共艺术领域中的互动性设计——以成都宽窄巷子为例 [J]，大众文艺，2013，13.

[7] 李木子. 公共艺术的感念和功能研究 [D]，东南大学，2008.

[8] 郝云超. 地景立体壁画造型语言研究 [D]，西南大学，2011.

[9] 翟子寒，田培春. 浅谈公共艺术中照明设计 [J]，艺术审美.

[10] 装饰杂志，百期回顾：透视当今美国公共艺术的五大特点 [J]，2015.

[11] 孔繁强，公共艺术的互动性研究与设计 [D]，上海交通大学，2006.

[12] 郭庆红. 壁画与公共环境艺术 [D]，武汉理工大学，2003.

[13] 张泽佳，付振宇. 论雕塑在当代公共艺术中的作用 [N]，长春大学学报，第19卷第7期，2009，7.

[14] 王满. 雕塑在城市公共艺术中空间特征 [J]，雕塑，2005：24-25.

[15] 王焱. 公共艺术设计教程 [M]，北京大学出版社，2014，1.

[16] Public Art-Urban Space [M]，Designerbooks，2014，11.

[17] 于燕. 浅析公共艺术概念 [J]. 文艺生活・文海艺苑. 2010：129-130.

[18] 石向东. 都市中城市雕塑的张力 [EB/OL]. 宁夏建筑装饰网. 2008，9：22.

[19] Sculpture [J]. 2014，4.

[20] Public Art Now，Sandu Cultural Media，GINGKO PRESS. 2016，7.

# 后记

公共艺术是一门渗透到民众生活的，随处可见的艺术门类。不仅是从事专业设计的设计师和艺术家们，广大民众作为创造者和参与者也是这门艺术的主要组成。希望能通过这本书的介绍，让更多的人对公共艺术有更深刻的理解。

这本书由文华学院的周严、河南大学的魏武和中国地质大学（武汉）的狄丞编写。在本书的编写过程中，吴燕提出了许多宝贵的修改意见，在此表示感谢。由于水平有限，加上时间仓促，不当之处在所难免，敬请不吝赐教。

周严

2017年5月20日